一日三餐我做主 YIRI SANCAN WOZUOZHU

健康晚餐

天天
添活力

华姨 编著

浙江出版联合集团

浙江科学技术出版社

前言
preface

　　随着社会经济的不断发展，人民的生活水平和饮食条件得到极大的提升。从温饱到小康，再到现在的营养午餐计划，无不体现这个"民以食为天"的古老国度的人们对生活以及饮食的重视。现代家庭和个人对生活品质的要求愈来愈高，一日三餐不仅讲究吃好，也要求科学搭配和营养健康。但是，一些不法分子为了牟取暴利，不惜铤而走险，致使一些食物存在健康安全隐患，严重威胁我们的日常饮食安全。同时，快节奏的生活方式，也让许多人的饮食偏离了"早餐要吃好，午餐要吃饱，晚餐要吃少"的原则，早餐胡乱吃或不吃，中餐随便吃，晚餐则大吃，这种不良的饮食习惯给我们的健康和生活品质带来了极大的危害。

　　为此，我们编写了这套"一日三餐我做主"丛书，包括《花样早餐》《营养午餐》《健康晚餐》。本套丛书通过精心策划，挑选了居家常用的食材，介绍其营养功效、饮食宜忌和购存技巧等知识，合理地搭配出家常精美菜肴，体例科学、内容丰富、制作精美，让您的一日三餐变得更加营养健康。

　　《健康晚餐》根据营养晚餐的要求，以合理、科学的编排方式介绍了适宜晚餐食用的食材和营养晚餐的搭配及制作，食材简单易得，制作步骤详细，营养搭配丰富，让您既能学厨艺，又能为自己和家人制作出营养健康的精美晚餐，精心呵护家人健康。

contents
目 录

Part① 吃好晚餐 向健康看齐

Part② 常见晚餐食材及营养食谱

Part ③ 一周营养晚餐推荐

Part 1

吃好晚餐
向健康看齐

晚餐知多少

晚餐是一日三餐之中的最后一餐，俗话说"早餐要吃好，午餐要吃饱，晚餐要吃少"。晚餐要吃少，是因为晚上以休息为主，机体的大部分器官处在"休息"状态，消耗的热量较少。晚餐吃多了，会让一些器官在本该"下班休息"的时间，被迫"加班加点"超负荷运行，若不及时消化，更是会增加胃的负担。中医认为"胃不和则精气竭""胃不和则卧不安"。

养马的人都知道"马无夜草不肥"，同样的道理，人少吃晚餐，肥胖可能会远离自己。因为人在休息时，消耗的热量较少，而摄入过多的热量会转化为脂肪，最终会导致肥胖，造成人体机能的减退。众所周知，肥胖是很多种疾病的根源，肥胖的人患高脂血症、高血压、糖尿病、冠心病等疾病的概率要比体重正常的人大很多。当然，晚餐要吃少并不意味着胡乱吃点东西应付，而是要吃得科学、搭配合理、营养健康，因为晚餐的一大功能是补充白天消耗的体力和脑力，并为第二天积蓄能量。

专家指出，晚餐要少量，也要清淡、营养，

搭配得当，可以以谷类、豆类、蔬菜、水果为主，即宜吃些富含碳水化合物、膳食纤维的食物。如有需要，可适当补充一些鱼类等营养丰富的食物，特别是脑力劳动者和一些特殊人群。

我国各地晚餐形式各有不同，但主要以米饭、粥、面食、菜和汤等为主。米饭作为主食是常见的晚餐之一，其配菜具有多样化的特点，可选择的范围广，以禽肉、畜肉、海鲜、蔬菜等为基础组合搭配而成。粥的主要食材以谷物、豆类为主，可以搭配一些不同的食材，满足不同的口味和营养需求。面食品种较多，是北方大部分人的主食，也可以搭配不同的菜同食。汤营养丰富易于消化，但晚餐喝汤要以清淡为主，用肉类煲汤较油腻、热量高，不适合晚上食用，选在上午或中午吃比较好。此外，一些人晚餐后会吃点甜品或水果，喝杯牛奶，完善营养结构，补充机体需求。

现代都市人晚餐的弊病

随着现代化建设的高速发展，城市变得越来越繁荣，人们的生活质量和日常的饮食条件也得到大幅度地提升。但是，为了追求更高的生活质量，人们愈加繁忙，尤其是都市人所面对的压力有增无减。与此同时，一些规律性的生活、饮食习惯被打破，特别是都市上班一族，由于工作比较繁忙，生活节奏较快，在日常饮食方面往往掉以轻心，不加以重视，从而日积月累，养成不良的饮食习惯。

午餐随意，晚餐"阴晴不定"，已经成为许多都市上班族的饮食习惯，无规律已经成为晚餐的基本状态。一日紧张的工作节奏使人身心疲惫，导致许多人晚餐食欲不振，往往"蜻蜓点水"凑合吃点，更有甚者直接跳过晚餐倒床大睡。无序的加班更加打乱了都市人的饮食规律，不想下厨或不会烹饪等原因又使得人们往往不得不选择快餐、外卖等方式。众所周知，快餐、外卖等食物为了增加口感，常常添加浓重的调味品，新鲜程度、卫生安全等得不到保证，食用后往往会影响肠胃功能，久而久之，肠胃问题不请自来。

另一方面，诸多应酬、会谈、聚会等活动大多安排在晚餐时间进行，大鱼大肉、推杯换盏过量饮酒等不合理的进食方式无疑加重了肠胃的负担。多余的油脂摄入可引起血脂升高，进而导致动脉粥样硬化和冠心病；多余的蛋白质摄入可增加胃肠、肝脏和肾脏的代谢负担；而过量酒精的摄入，更是人们健康的大敌。这也是现代都市人晚餐的一大弊病。

晚餐问题不容小觑，时时刻刻影响着我们的健康。务必养成良好的晚餐习惯。那么，什么样的习惯才能改变晚餐的弊病？

首先要清楚知道晚餐应该以什么为主食。我国传统饮食结构把谷物类作为主食，然而，如今的餐桌上主食的地位越来越被弱化。实际上，主食是不可或缺的主角。晚餐的主食可以以稀食为主，男性的晚餐主食量应为100~150克左右(生食剂量)，女性为50~100克左右，老年人宜喝一些粥类食物。作为主食的米、面和薯类等碳水化合物食物，应是人体能量的主要来源(占总能量的60%)，也是代谢过程最简单、代谢产物无害且最易排除的食物。其次，正常的晚餐应该在晚上600 ~ 700，可以根据个人习惯做适当调整，一般应该距吃完午餐6个小时左右。最后，晚餐的进食食物要多元化，做到均衡营养。

晚餐不当，问题不断

晚餐习惯跟我们的生活息息相关，晚餐不当，积久成疾。不合理的晚餐习惯如同埋伏在身体里的炸弹，随时爆发，影响我们的身体健康，成为某些疾病的诱因。常见的问题如下。

问题一：肥胖

晚餐吃得过饱或过于丰盛，血糖和血中氨基酸及脂肪酸的浓度就会增高，从而促进胰岛素大量分泌。晚餐后若不进行适量合理的活动，热能消耗低，导致多余的热量在胰岛素的作用下大量合成脂肪，形成肥胖。

问题二：高血压

高血压与晚餐进食的食物种类有关。正常饮食讲究荤素均衡，而过多地食用肉类食品可增加肠胃负担，极易使血压上升。另外，人在睡眠时血流速度大大减慢，大量血脂就会沉积在血管壁上，从而引起动脉硬化，使人得高血压病。科学实验证实，晚餐中偏重荤食的人比偏重食素食的人，血脂一般要高 2~3 倍，患高血压、肥胖病者如果晚餐偏爱荤食，则有百害无一利。

问题三：糖尿病

中老年人倘若长期对晚餐的进食量不加以控制，过量进食，会反复刺激胰岛素大量分泌，造成负担加重，进而衰竭，从而诱发糖尿病。

问题四：尿道结石

结石与晚餐进食的时间有关。据测定，人体排尿高峰一般在饭后 4~5 小时。如果晚餐过晚，排尿高峰期正处于睡眠状态，尿液潴留在膀胱中，长期以往就会形成尿道结石。

问题五：冠心病

食物中能产生热量的营养素有蛋白质、脂肪和碳水化合物。它们经过氧化产生热量，供身体维持生命、生长发育和运动。晚餐摄入过多热量可引起血胆固醇增高，还会刺激肝脏，把过多的胆固醇运载到动脉壁堆积起来，诱发动脉硬化和冠心病。

问题五：肠癌

晚上摄入副食品（即非主食，一般是经过精加工的食品，包括糖果、罐头、乳制品、蜜制品、豆制品、饮料、饼干、糕点、果品等）过多，活动又减少，必然有一部分蛋白质不能消化，也有小部分不能吸收。这些物质在大肠内受到厌氧菌的作用，会产生胺酶、氨、吲哚等有害物质。有毒产物可增加肝肾的负担。睡眠时肠蠕动减少，又相对延长了这些物质在肠腔内停留的时间，可使大肠癌发病率增高。

晚餐健康吃法指南

前面我们已经谈到饮食习惯和身体健康的关系，个体应该根据实际情况，及时发现和改变常见的不利于健康的饮食习惯，保持一种良好的、营养科学的进餐方式。通常来说，要做到不挑食不偏食，食品多样化，荤素均衡化，进食规律化。

• 晚餐宜早不宜晚

晚餐早点吃可以让肠胃预留充分的消化时间。如果晚餐晚吃，大量食物来不及消化而积留于胃内，会影响睡眠的质量，导致肠胃消化不良。晚餐早吃还可以降低尿路结石的发病率。

• 晚餐宜少不宜多

与早餐、中餐相比，晚餐宜少吃，"早餐吃得要像皇帝、午餐吃得要像平民、晚餐吃得要像乞丐"说的就是这个道理。一般要求晚餐所供给的热量以不超过全日膳食总热量的30%。晚餐过多过饱，容易诱发肥胖、动脉硬化、心脑血管疾病等疾病，不利于身体健康。怎样的分量才是合理的呢？这里提供一个参考数据：主食100克花卷、馒头或米饭及加稀饭或面条汤；副食50~100克肉禽类、100克鱼类及一些蔬菜。作为一份晚餐，其热能、食量和营养成分即可满足正常人的需要。特别需要说明的是，晚餐分量宜少并不是绝对的，那些上夜班的工人、熬夜的人，其对晚餐的分量要求会高一点，即可以吃得稍饱一些，目的主要是增加热能，保持精力。

• 晚餐宜少荤多素

晚上人体对食物的吸收能力相对较弱，晚餐过于丰盛则不利于消化吸收。建议晚餐要偏素，以富含碳水化合物的食物为主，尤其应多

摄入一些新鲜蔬菜，尽量减少蛋白质、脂肪类食物的摄入。素食脂肪含量很低，可降低血压和胆固醇含量，这是素食的好处。但有的人只吃素食不吃荤，这也是不可取的。为了平衡体内各种营养素，不必谈"荤"色变，我们可以通过控制荤食的分量达到荤素合理搭配的目的。

· 晚餐忌油腻或过甜

毫无控制地摄入油脂较多的食物，可能引起脂代谢异常，时间一长便会导致动脉粥样硬化和冠心病的发生；含高蛋白成分的食物摄入过多，会增加胃肠、肝肾的代谢负担，血糖水平也会处在较高水平，多余的能量被机体储存起来，高脂血症、糖尿病和肥胖症等问题随之而来。因此，建议晚餐切勿经常食用过于油腻和糖分过多的食物。

· 晚餐忌不吃主食

米、面、杂粮、豆类、薯类等主食，这是我们身体所需要的主要能量来源。有些减肥者只吃些水果或凉拌蔬菜，有人以冷食或冰啤酒等充当晚餐，这些都是不健康的饮食习惯。前者缺乏人体需要的营养和能量，会造成部分营养素的缺乏；后者对饱腹和营养起不到任何作用，摄入的多是水分和糖分，进入人体胃肠道后会导致脾胃功能紊乱，还会引起厌食、腹胀及腹痛。冰啤酒如果再配食较多的肉类烧烤，还可能诱发痛风。

· 夜宵忌常吃

不少人有吃夜宵的习惯，夜宵一般是指晚餐之后至第二日凌晨之前进食的餐，这时通常以小吃为主，渐已形成一种饮食文化。但从健康角度出发，应尽量少吃夜宵或不吃。在正常情况下，人在夜间睡眠时身体各器官也处于休息的状态，常吃夜宵，这就意味着本该休息的器官也要跟着你一起"加班"，久而久之它们就会"罢工"，成为症状显现出来。除此之外，夜宵过饱可使胃肠鼓胀，对周围器官造成压迫。肝、胆、胰等器官在餐后的紧张工作会引起大脑活跃，并扩散到大脑皮层其他部位，诱发失眠。需要说明的是，上夜班的人是应该适当进食夜宵的。

晚餐的合理搭配

晚餐不仅仅只是为了满足口腹之欲，不应饕餮盛宴。吃一顿健康而又富有营养的晚餐不是一件难事。生活中的食材各式各样，只要我们学会合理利用，搭配得当，就能够轻松料理出健康晚餐的食谱。那么究竟怎么做，才是合理的搭配呢？

· 食物搭配

配制合理的饮食就是要选择多样化的食物，使所含营养素齐全，比例适当，以满足人体需要。这里说的搭配，大致包括粗粮和细粮、干与稀、荤与素、冷与热等。食物搭配与营养均衡关系密切，如一碗面只能提供少许蛋白质以及碳水化合物，所以最好配上一份水果、一份肉类或豆制品，以补充蛋白质、维生素和纤维素。

晚餐注意选择脂肪少、易消化的食物，且注意不应吃得过饱。蔬菜、面条、米粥、玉米、水果是比较好的晚餐选择。

· 针对不同人群

晚餐的搭配需要针对不同的人群选用相应的食材。处于青春发育期的少男少女，要注意各种营养成分的摄取，以平衡膳食，合理搭配，可选择补充蛋白质较多的食物，主要有畜、禽肉类和鱼类，还有奶制品等。中老年人尽量吃得清淡些，以蔬菜为主。总之，就餐食物品种因人而异。

· 多吃富含维生素 C 的薯类食品

薯类食品的好处在于，不论煮、炸、烤等料理方法都不会损伤其中的维生素 C，因为薯类的维生素 C 为"结合型维生素 C"，其特性为耐热，任你煎、炒、烹、炸，仍能保持原来的含量。因此，如果每天享用薯类食品，搭配水果同食，能保证身体每日所需的维生素 C。与其他食品同时食用，则营养平衡效果更佳。

· 可适量食用蛋白质类食品

蛋白质是制造血液或肌肉的重要营养成分。含蛋白质多的食物包括：牲畜的奶，如牛奶、羊奶、马奶等；畜肉，如牛、羊、猪、狗肉等；禽肉，如鸡、鸭、鹅、鹌鹑等；蛋类，如鸡蛋、鸭蛋、鹌鹑蛋等；以及鱼、虾、蟹等；还有大豆类，包括黄豆、大青豆和黑豆等，其中以黄豆的营养价值为最高，是婴幼儿食品中优质的蛋白质来源。因此，晚餐适当地摄取肉类食品，对于均衡体内各种营养很有必要。

晚餐宜食的食物

• 色氨酸食物

营养学家建议，在吃晚餐的时候可以适量地食用一些含有色氨酸的食物，这种物质在人体内代谢后会生成5-羟色胺，抑制中枢神经兴奋度。5-羟色胺在人体内可进一步转化生成褪黑素，这种物质经过证实确实有着很好的镇静和诱发睡眠作用。因此对于一些晚上经常失眠以及睡眠质量不好的人群而言，适量的多吃含色氨酸的物质可帮助有效的入眠。

小米是含有此类物质的食物，其色氨酸含量在所有谷物中独占鳌头，每100克就含有色氨酸202毫克。此外，香菇、黑芝麻、牛奶、黄豆、油豆腐、鸡蛋、鱼片、海蟹等也是富含色氨酸的食物。

• B 族维生素食物

B族维生素是一个大家族，包括维生素 B_1、维生素 B_2、维生素 B_6、维生素 B_{12} 等。由于其有很多共同特性（如都是水溶性、都是辅酶等）以及需要相互协同作用，因此被归类为一族。晚餐摄入适当的B族维生素食物，能起到很好的消除烦躁不安以及促进睡眠的作用，这些作用对于现代人来说非常的重要。

日常生活中B族维生素主要来源于动物肝脏、肉、蛋、鱼、奶以及一些全麦食品。

• 富含钙和镁的食物

钙和镁是一对完美的搭档。饮食中只补钙往往是不够的，镁的存在是钙在体内被吸收的关键。没有镁，则钙不能完全被利用和吸收。

在日常生活中，钙的来源很多，有豆类及豆制品、牛奶、海带、虾皮等，其中牛奶中的钙最易吸收，虾皮中的钙含量最高。镁主要从大豆、绿叶蔬菜、果仁、粮食、紫菜、动物内脏中获得。晚餐食用适量的糙米、燕麦或荞麦，可以帮助提高镁的摄入量。

Part ❷

常见晚餐食材及营养食谱

茄子

茄子属茄科一年生蔬菜，是为数不多的紫色蔬菜之一，也是餐桌上十分常见的家常蔬菜。茄子原产印度，现我国普遍栽培，是夏季主要蔬菜之一，食用的部位是其嫩果。按其形状不同，可分为圆茄、灯泡茄和线茄。

食用性质：味甘，性凉

主要营养成分：蛋白质、脂肪、碳水化合物、维生素、钙、磷、铁

购存技巧

质量好的茄子应该是深紫色、有光泽、无斑、无虫眼、蒂部新鲜未干的。另外，在茄子萼片与果实相连接的地方，有一圈浅色环带，这条带较宽、较明显，就说明茄子果实正快速生长，没有老化。

茄子的水分容易蒸发，喷湿后装在保鲜袋中，放在冰箱冷藏室，可以保存两天。

营养功效

茄子含有维生素 E，有防止出血和抗衰老功能。常吃茄子，可使血液中胆固醇水平降低，对延缓人体衰老具有积极的意义。茄子含丰富的维生素 P，这种物质能增强人体细胞间的粘着力，增强毛细血管的弹性，减低毛细血管的脆性及渗透性，防止微血管破裂出血，使心血管保持正常的功能。此外，茄子还有防治坏血病及促进伤口愈合的功效。

茄子含丰富的维生素 A、维生素 C 及蛋白质和钙，能使人体血管变得柔软。茄子有化瘀作用，又能起到降低脑血栓发生率的作用。

饮食宜忌

茄子可清热解署，对于容易长痱子、生疮疖的人尤为适宜。

脾胃虚寒、哮喘者不宜多吃；体弱、便溏者不宜多食；手术前吃茄子，可能会使麻醉剂无法被正常地分解，拖延病人苏醒时间，影响病人康复速度。

什锦茄子 + 雪菜炒黄豆 + 苦瓜鲫鱼汤

营养分析： 洋葱中含糖、蛋白质、无机盐、维生素等营养成分，对机体代谢起一定作用，能较好地调节神经，增长记忆，亦有较强的刺激食欲、帮助消化、促进吸收等功能。鲫鱼所含的蛋白质质优、齐全，易于消化吸收，常食可增强抗病能力。

什锦茄子

原料： 茄子 500 克，芹菜段、胡萝卜片、洋葱丝、辣椒块、蒜末、盐、糖、番茄酱、食用油各适量。

制作方法

1. 茄子去蒂，切块。

2. 锅内下食用油烧热，放入洋葱丝、胡萝卜片略炒，加番茄酱炒匀，然后入芹菜段、辣椒块，加盐、糖炒匀，撒上蒜末，下入茄子块煮沸，改小火煨 10 分钟即可。

雪菜炒黄豆

原料： 雪菜 300 克，黄豆 150 克，猪肉馅 100 克，干辣椒 10 克，葱花、白糖、生抽、食用油、料酒各适量。

制作方法

1. 猪肉馅加入少许生抽和料酒稍腌；黄豆煮熟，雪菜切碎，备用。

2. 锅内下食用油烧热，放葱花和辣椒爆出香味，放入肉馅翻炒，放入雪菜、白糖和生抽翻炒，倒入熟黄豆炒匀即可。

苦瓜鲫鱼汤

原料： 苦瓜 150 克，鲫鱼 300 克，姜片 5 克，食用油、盐、鸡精各适量。

制作方法

1. 将苦瓜洗干净，切开边挖去瓤，切薄片；鲫鱼去鳞、鳃、内脏，洗净，抹干，锅内下食用油烧热，用小火煎至两面微黄色再铲起沥油。

2. 将苦瓜片、鲫鱼、姜片、清水放入沙锅内，大火煮沸后转中火煲 20 分钟，加盐、鸡精调味即可。

小贴士： 苦瓜烹饪时，最好把瓤和子去掉。

红烧茄子 + 滑蛋虾仁 + 菠菜肉丸汤

营养分析：茄子皮里面含有丰富维生素 B 和维生素 C。

红烧茄子

原料：嫩茄子 500 克，蒜头、葱、姜、食用油、酱油、糖、盐、味精、香油各适量。

制作方法

1. 将茄子去蒂，用手撕拉成块状，再浸泡在盐水中；蒜头切粒；葱、姜切末。

2. 将锅置于中火加热，入食用油烧至六成热时，入蒜头粒、葱姜末爆锅，溢出香味。

3. 加入茄子翻炒至软熟时，加酱油、糖、盐，再翻炒至茄子软瘪熟透，入味精和香油，改大火翻炒至汁浓稠即可。

滑蛋虾仁

原料：鸡蛋 4 个，虾仁 200 克，葱花、淀粉、小苏打、香油、盐、味精、胡椒粉、食用油各适量。

制作方法

1. 拿一个鸡蛋敲开，取蛋清加味精、盐、淀粉、小苏打搅成糊状，加入虾仁搅匀，放入冰箱腌 2 小时取出；余下鸡蛋打散，加盐、味精、香油、胡椒粉、食用油搅拌成蛋液。

2. 热锅热油，放入虾仁泡油 30 秒捞起放入蛋液中搅匀。

3. 余油倒出，炒锅放回炉上，下食用油、蛋液、葱花，边炒边加食用油，炒至蛋液刚凝结即可铲起装碟。

菠菜肉丸汤

原料：菠菜 500 克，肉丸 100 克，高汤、味精、姜末、酱油、盐、食用油各适量。

制作方法

1. 将菠菜洗净，切短段，并用开水略汆捞出，放入凉水中冲凉后控干水。

2. 锅内加水烧开，下入肉丸烫熟。

3. 将锅内放入食用油，置火上烧热，加姜末、酱油，烹至出香味，随即倒入高汤，加盐、味精、菠菜、肉丸，待汤开后即成。

小贴士：红烧茄子必须重油烹制，可确保其油润、入味。

青椒

　　青椒营养丰富，辣味较淡乃至基本不辣，作蔬菜食用而不是作为调味料。新培育出来的品种另有红、黄、紫等颜色，是群众最喜爱的蔬菜之一。

食用性质：味甘，性平

主要营养成分：胡萝卜素、钾、维生素C、维生素A、钠、磷、钙、镁

购存技巧

　　选购青椒的时候，要选择外形饱满、色泽浅绿、有光泽、肉质细腻、气味微辣略甜、用手掂感觉有分量的。

　　熔化一些蜡烛油，把每支青椒的蒂都在蜡烛油中蘸一下，然后装进保鲜袋中，封严袋口，放在10℃的环境中，可贮存2~3个月。

营养功效

　　青椒具有消除疲劳的作用，而且还含有能促进维生素C吸收的物质，就算加热维生素C也不会流失。青椒中含有的维生素P还能强健毛细血管，预防动脉硬化与胃溃疡等疾病的发生。青椒中含有芬芳辛辣的辣椒素，能促进食欲，帮助消化。

　　青椒的绿色部分来自叶绿素，叶绿素能防止肠内吸收多余的胆固醇，帮助将胆固醇排出体外，从而达到净化血液的效果。

　　青椒辛温，能够通过发汗而降低体温，并缓解肌肉疼痛，因此具有较强的解热镇痛作用。

饮食宜忌

　　一般人群均可食用。

　　眼疾患者以及食管炎、胃肠炎、胃溃疡、痔疮患者应少吃或忌食；有火热病症或阴虚火旺者，高血压、肺结核、面瘫患者慎食。

虎皮青椒 + 鱼片蒸豆腐 + 玉米煲老鸭

营养分析：青椒强烈的香辣味能刺激唾液和胃液的分泌，增加食欲，促进肠道蠕动，帮助消化。鸭肉清热凉血、祛病健身。

虎皮青椒

原料：青椒300克，生抽、醋、食用油、盐、糖、鸡精、胡萝卜丝各适量。

制作方法

1. 将青椒洗净，去蒂、子待用。

2. 锅内下食用油烧热，将青椒煸炒至表面变焦糊、发白时，加入生抽和盐翻炒，再加入醋、糖和鸡精炒匀,撒胡萝卜丝点缀即可。

鱼片蒸豆腐

原料：鱼肉100克，豆腐200克，姜丝、葱丝、食用油、生抽各适量。

制作方法

1. 鱼肉切片；豆腐切大片。

2. 把豆腐摆入碟内，鱼片摆放在豆腐上面，撒上姜丝。

3. 蒸锅加水烧开，放入豆腐和鱼片，中火蒸8分钟，撒上葱丝；烧开食用油，淋在鱼片和豆腐上，加入生抽即可。

玉米煲老鸭

原料：老鸭500克（斩件），玉米段600克，猪脊骨、猪瘦肉各200克（均切件），姜片、盐、鸡精各适量。

制作方法

1. 将老鸭、猪脊骨、猪瘦肉在沸水中氽去血渍，倒出，洗净。

2. 沙锅内加入老鸭、猪瘦肉、猪脊骨、玉米、姜和适量清水，煲2小时，调入盐、鸡精即可。

小贴士：煸炒青椒的时候要时不时翻炒，让青椒均匀受热。

青椒小炒鳝 + 粉蒸芋头 + 冬瓜绿豆汤

营养分析： 鳝鱼中含有丰富的 DHA 和卵磷脂，它是构成人体各器官组织细胞膜的主要成分，而且是脑细胞不可缺少的营养。

青椒小炒鳝

原料： 鳝鱼 400 克，青椒 40 克，红辣椒 20 克，芹菜 30 克，食用油、盐、鸡精各适量。

制作方法

1. 鳝鱼治净，切段，汆水，捞起待用；芹菜洗净，切菱形块；青椒洗净，切段；红辣椒洗净，切圈。

2. 炒锅置火上，注油烧热，放入青椒、红辣椒煸香，加鳝段、芹菜煸炒，再放入盐、鸡精调味，起锅装盘即可。

粉蒸芋头

原料： 小芋头 500 克，蒸肉米粉 150 克，辣酱、葱末、香油、盐各适量。

制作方法

1. 将小芋头切成滚刀块，放入大碗中，加入辣酱、香油、盐，拌匀，腌制 20 分钟以便入味。

2. 将蒸肉米粉倒在碗中，将腌过的小芋头一个一个地放入碗中打个滚，粘好米粉。

3. 蒸锅大火烧沸水，将粘好米粉的小芋头放入蒸笼蒸 30 分钟，出笼后撒点葱末即可。

冬瓜绿豆汤

原料： 冬瓜 200 克，绿豆 80 克，姜片、葱段、盐各适量。

制作方法

1. 冬瓜去皮，去瓤，洗净，切块；绿豆淘洗干净，备用。

2. 沙锅置火上，放适量清水，放入葱段、姜片、绿豆，大火煮沸。

3. 煮沸后转中火煮至豆软，放入切好的冬瓜块，煮至冬瓜块软而不烂，撒入盐，搅匀即可。

小贴士： 芋头不要放入冰箱中冷藏，要保持干燥，最好使用纸类材质包裹后，放在常温下保存。

冬瓜产于夏季而非冬季，之所以被称为冬瓜，是因为它成熟时表皮上有一层白色的霜状粉末，就像冬天结的霜一样。它的肉质清凉，不含脂肪，碳水化合物含量少，故热值低，属于清淡食物，是夏季极佳的消暑瓜菜。

食用性质： 味甘，性凉

主要营养成分： 蛋白质、碳水化合物、胡萝卜素、多种维生素、粗纤维、钙、磷、铁、钾盐

购存技巧

凡个体较大、肉厚湿润、表皮有一层粉末、体重、肉质结实、质地细嫩的冬瓜，均为质量好的冬瓜。若肉质有花纹，是因为瓜肉变松；瓜身很轻，说明此瓜已变质，味道很苦。

冬瓜应贮存在阴凉、干燥的地方，不要碰掉冬瓜皮上的白霜。如果冬瓜吃不完，可以将冬瓜切开，待切面上会出现黏液，取一张干净塑料薄膜贴上。

营养功效

冬瓜中富含丙醇二酸，能有效控制体内的糖类转化为脂肪，防止体内脂肪堆积，还能把肥胖多余的脂肪消耗掉，有良好的减肥效果。葫芦巴碱主要存在于冬瓜瓤中，能帮助人体新陈代谢，抑制糖类转化为脂肪，也是冬瓜中的减肥降脂功能因子之一。

冬瓜中的膳食纤维含量很高，每100克中含膳食纤维约0.9克。现代医学研究表明，膳食纤维含量高的食物对改善血糖水平有较好效果，人的血糖指数与食物中膳食纤维的含量成负相关。另外，膳食纤维还能降低体内胆固醇含量。

冬瓜中的粗纤维能刺激肠道蠕动，使肠道里积存的致癌物质尽快排泄出去。

饮食宜忌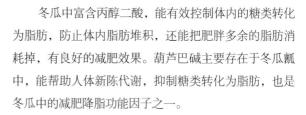

适宜肾病、水肿、肝硬化腹水、癌症、脚气病、高血压、糖尿病、动脉硬化、冠心病、肥胖以及维生素C缺乏者多食。

冬瓜性寒凉，脾胃虚弱、肾脏虚寒、久病滑泄、阳虚肢冷者忌食。

酱烧冬瓜条 + 花椰菜炒咸肉 + 竹笋香菇汤

营养分析：冬瓜清热生津，消暑除烦，在夏日服食尤为适宜。花椰菜所含的多种维生素、纤维素、胡萝卜素、微量元素硒，都对防癌有益。竹笋含有一种白色的含氮物质，构成了竹笋独有的清香，具有开胃、促进消化、增强食欲的作用，可用于治疗消化不良等症。

酱烧冬瓜条

原料：冬瓜 400 克，食用油、糖、酱油、葱末、盐、鸡精、淀粉各适量。

制作方法

1. 将冬瓜削去外皮，去瓤、子，洗净，切成条。

2. 锅内下食用油烧热，入葱末爆香，倒入冬瓜条炒至断生。

3. 加盐、酱油、糖、鸡精和适量清水，烧至熟烂，用淀粉勾芡，炒匀，出锅装盘即可。

花椰菜炒咸肉

原料：花椰菜 250 克，咸肉 80 克，蒜蓉、鲜汤、糖、味精、食用油各适量。

制作方法

1. 将花椰菜洗净，摘成小朵；咸肉切成片。

2. 将花椰菜小朵和咸肉片分别余熟，捞起控干水分。

3. 炒锅放食用油烧热，下蒜蓉、咸肉片炒香，然后加入花椰菜朵、糖、鲜汤，煮沸片刻，加味精拌匀即可。

竹笋香菇汤

原料：竹笋 200 克，香菇 50 克，金针菇 100 克，姜丝 3 克，食用油、味精、盐各适量。

制作方法

1. 香菇泡软，去蒂，切厚丝；金针菇洗净后打结；竹笋剥皮，切丝。

2. 锅内放食用油烧热，放竹笋、姜丝炒香，加适量清水，煮沸 15 分钟。

3. 放香菇、金针菇煮 5 分钟，加盐、味精调味即可。

小贴士：冬瓜烧汤最好连皮一起煮，但红烧的时候去皮更入味。

冬瓜炖牛肉 + 挂糊豆腐 + 肉丝银芽羹

营养分析: 冬瓜含维生素 C 较多, 且钾盐含量高, 钠盐含量较低。

冬瓜炖牛肉

原料: 黄牛肉 1000 克, 冬瓜 500 克, 葱结、姜块、料酒、味精、盐、食用油各适量。

制作方法

1. 将牛肉洗净, 切块, 余水, 捞出用清水漂清, 控去水; 冬瓜去皮、去瓤、洗净, 切成骨牌块。

2. 炒锅热油, 下葱结、姜块炸香, 下牛肉块略煸, 装入沙锅中, 加适量清水淹没, 放入料酒, 大火烧沸, 转小火炖至牛肉八成烂时, 放入冬瓜块继续炖至酥烂, 加盐、味精调味即可。

挂糊豆腐

原料: 豆腐 350 克, 鸡蛋 60 克, 红椒、青椒、姜末、盐、味精、鸡精、淀粉、食用油、鸡汤各适量。

制作方法

1. 红椒、青椒去子切成米; 豆腐切成厚块; 鸡蛋打入碗内, 加入水、盐、淀粉调成糊。

2. 起锅倒入食用油, 将豆腐挂糊, 下入油锅炸至外脆里嫩, 捞起沥油。

3. 另起热油, 下姜末、红椒米、青椒米, 注入鸡汤煮沸, 调入盐、味精、鸡精, 用水淀粉勾芡, 淋入摆好的炸豆腐上即可。

肉丝银芽羹

原料: 绿豆芽 300 克, 猪肉 100 克, 青、红椒丝、盐、食用油、姜丝各适量。

制作方法

1. 猪肉洗净切成肉丝, 绿豆芽洗净切开。

2. 锅内热油, 放入肉丝煸炒片刻, 放入适量水、绿豆芽、姜丝。

3. 待水滚后, 加入青、红椒丝, 用盐调味即可。

小贴士: 冬瓜烧汤最好连皮一起煮, 但红烧的时候去皮更入味。

丝瓜又叫天丝瓜、天罗、布瓜、蛮瓜。瓜叶尖有细毛刺，茎上有棱。六七月开五瓣的黄花，有些像黄瓜花。丝瓜比黄瓜稍大些，因它老时丝很多，所以叫丝瓜。

食用性质：味甘，性平

主要营养成分：蛋白质、脂肪、碳水化合物、钙、磷、铁、维生素B₁、维生素C、皂苷、植物黏液、木糖胶、丝瓜苦味质、瓜氨酸

购存技巧

颜色青绿、粗细均匀、尾部瓜花未落的丝瓜比较嫩；用手指轻掐，不破皮的为老瓜。

用保鲜袋装好放在冰箱冷藏室，可保存1~2天。丝瓜宜即切即做，避免营养随水分流失。

营养功效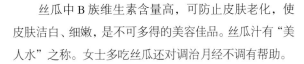

丝瓜中B族维生素含量高，可防止皮肤老化，使皮肤洁白、细嫩，是不可多得的美容佳品。丝瓜汁有"美人水"之称。女士多吃丝瓜还对调治月经不调有帮助。

丝瓜含有皂苷、丝瓜苦味素、瓜氨酸、脂肪等，这些营养素对机体的生理活动十分重要。夏季常食丝瓜可去暑除烦、生津止渴；平时常食可治痰喘咳嗽、乳汁不通、痈疮疖肿等症。丝瓜所含的皂苷成分有强心作用。

丝瓜中维生素C含量较高，可用于预防各种维生素C缺乏症。

饮食宜忌

月经不调、身体疲乏、痰喘咳嗽、产后乳汁不通的妇女适宜多吃丝瓜。

体虚内寒、腹泻者不宜多食。

青椒炒丝瓜 + 剁椒鱼腩 + 玉米蛋黄

营养分析： 丝瓜中含防止皮肤老化的 B 族维生素、增白皮肤的维生素 C 等成分，能保护皮肤、消除斑块。草鱼腩富含不饱和脂肪酸、蛋白质、硒元素等，有延缓衰老、滋补养颜等功效。玉米含有的黄体素、玉米黄质，可以抗眼睛老化。

青椒炒丝瓜

原料： 丝瓜 500 克，青椒丝、红椒丝、姜末、蒜片、葱段、食用油、素鲜汤、盐、淀粉各适量。

制作方法

1. 鲜丝瓜去皮，洗净，切成片。

2. 锅内下食用油烧热，下入丝瓜片翻炒，加青椒丝、红椒丝、姜末、蒜片、素鲜汤，焖片刻。

3. 加盐炒匀入味，用淀粉勾薄芡，撒葱段，起锅装盘即可。

剁椒鱼腩

原料： 鱼腩150克，豆腐、剁椒、豆豉、鸡精、生抽、食用油、葱花各适量。

制作方法

1. 豆腐切成长条块，放在碟中；鱼腩处理干净后剖上花，放到豆腐上。

2. 剁椒、豆豉、鸡精、生抽、食用油拌匀，淋到鱼腩上；待蒸锅水烧开后上锅蒸 5~6 分钟，出锅后撒上葱花即可。

玉米蛋黄

原料： 玉米 300 克，咸鸭蛋 100 克，盐、食用油各适量。

制作方法

1. 将玉米蒸熟取粒，在玉米粒中放少量食用油、盐拌匀。

2. 将咸蛋黄碾成泥；锅置火上，放几滴食用油润锅，烧至温热后下玉米粒稍炒。

3. 下蛋黄泥略翻炒，使玉米粒上裹匀蛋黄，即可起锅装盘。

小贴士： 玉米忌和田螺同食，否则会中毒。

丝瓜干贝 + 青豆粉蒸肉 + 当归猪血莴笋汤

营养分析：莴笋茎叶中含有莴苣素，味苦，能增强胃液，并具有镇痛的作用。

丝瓜干贝

原料：丝瓜 600 克，金针菇 150 克，干贝 75 克，葱段、姜片、盐、水淀粉各适量。

制作方法

1. 丝瓜洗净去皮，切块；金针菇切除根部，洗净；干贝洗净，泡水 3 小时，移入蒸锅中蒸至熟软，取出，沥干水分，以手撕成丝待用。

2. 炒锅热油，爆香姜、葱，加丝瓜以大火炒熟，再加适量水煮至丝瓜软烂，最后加入金针菇、干贝、盐煮至入味，用水淀粉勾芡即可。

青豆粉蒸肉

原料：猪五花肉 300 克，青豆 25 克，糯米粉 30 克，豆豉、姜、蒜、豆瓣酱、盐、味精、鸡精各适量。

制作方法

1. 将五花肉洗净，切片，裹上糯米粉后待用；青豆洗净入沸水余一下，出水沥干，装入蒸锅中。

2. 炒锅置大火上，放油，加入豆瓣酱、豆豉、姜、蒜后炒香。

3. 将五花肉片倒入炒锅内，加入盐、味精、鸡精拌匀，起锅倒在青豆上，加入适量热清汤，上蒸笼大火蒸 1 小时即可。

当归猪血莴笋汤

原料：当归 15 克，猪血 500 克，莴笋 200 克，蒜末、姜片、鲜汤、料酒、盐、胡椒粉各适量。

制作方法

1. 将猪血洗净切大块。

2. 莴笋去皮、叶，洗净后切片。

3. 将鲜汤入锅，加当归、姜片煮沸，放入莴笋，再沸后加入猪血、料酒、盐，沸后加入味精、胡椒粉、蒜末，调拌即成。

小贴士：丝瓜汁水丰富，宜现切现做，才能显示丝瓜香嫩爽口的特点。

苦瓜

苦瓜又名凉瓜，是葫芦科植物。苦瓜虽然苦，却不会把苦味传给其他菜，因此有"君子菜"的雅称。它的营养价值和药用价值都很高，深受人们的喜爱。

食用性质：味苦，性寒

主要营养成分：维生素 A、维生素 C、维生素 B₂、蛋白质和钙、钾、钠

购存技巧

苦瓜身上一粒一粒的果瘤，是判断苦瓜好坏的特征。颗粒愈大愈饱满，表示瓜肉愈厚；颗粒愈小，瓜肉相对愈薄。选苦瓜除了要挑果瘤大、果行直立的，还要洁白漂亮。

最好用纸类或保鲜膜包裹储存，可以减少苦瓜表面水分散失，并避免柔嫩的苦瓜被擦伤，损及品质。

营养功效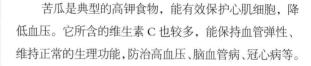

苦瓜是典型的高钾食物，能有效保护心肌细胞，降低血压。它所含的维生素 C 也较多，能保持血管弹性、维持正常的生理功能，防治高血压、脑血管病、冠心病等。

苦瓜具有清热消暑、养血益气、补肾健脾、滋肝明目的功效，对治疗痢疾、疮肿、中暑、发热、痱子、结膜炎等病有一定的功效。

苦瓜中的苦瓜素被誉为"脂肪杀手"，能使摄取的脂肪和多糖减少。苦瓜含有苦瓜皂苷（又称皂甙），具有降血糖、降血脂、抗肿瘤、预防骨质疏松、调节内分泌、抗氧化、抗菌以及提高人体免疫力等功能。

饮食宜忌

适宜糖尿病、癌症、痱子患者食用。

苦瓜性凉，脾胃虚寒者不宜食用。另外，苦瓜中含奎宁，会刺激子宫收缩，引起流产，孕妇也要慎食苦瓜。

清炒苦瓜 + 黄埔肉碎煎蛋 + 海带排骨汤

营养分析：苦瓜中的苦瓜甙和苦味素能增进食欲、健脾开胃。海带富含矿物质，具有软坚化痰、祛湿止痒、清热行水等功效。

清炒苦瓜

原料：苦瓜 450 克，食用油、姜丝、葱段、盐、味精各适量。

制作方法

1. 苦瓜洗净，去子、瓤，切成细丝，用盐稍腌出水，捞出，洗净，入沸水锅中余水，捞出沥干。

2. 锅内下食用油烧热，下入姜丝、葱段，略爆一下。

3. 放入苦瓜丝爆炒片刻，加盐、味精略炒，出锅装盘即可。

黄埔肉碎煎蛋

原料：猪肉 250 克，鸡蛋 50 克，盐、味精、蒜、食用油各适量。

制作方法

1. 猪肉剁碎，用味精、盐调匀腌制片刻；鸡蛋打散，搅成蛋液；蒜切末。

2. 锅内下食用油烧热，下蒜末爆香，加肉碎炒熟，调入蛋液，小火炒熟，加盐调味，即可出锅。

海带排骨汤

原料：海带 150 克，猪排骨 400 克，葱段、姜片、盐、料酒各适量。

制作方法

1. 将海带先放笼屉内蒸约 30 分钟，再用清水浸泡 4 小时，切成长方块；排骨横剁成段，余水。

2. 沙锅内加入清水、排骨、葱段、姜片、料酒，用大火煮沸，再改用中火焖煮 20 分钟，倒入海带块，换大火煮沸 10 分钟，拣去姜片、葱段，加盐调味即可。

小贴士：最好用比较厚的海带熬汤，厚厚的海带煮好后口感更好。

苦瓜炒牛肉 + 酸甜土豆片 + 浓汤裙菜煮鲈鱼

营养分析：裙带菜富含碘、褐藻胶、膳食纤维和多种不饱和脂肪酸等多种营养元素，它的碘含量仅次于海带，具有补血、乌发、抗衰老的功效。

苦瓜炒牛肉

原料：牛肉300克，苦瓜150克，料酒、酱油、豆豉、蒜泥、姜末、盐、味精、食用油各适量。

制作方法

1. 牛肉切片，加料酒、酱油及适量水反复搅拌腌制备用；苦瓜去瓤切片，入沸水中氽一下捞出，沥干。

2. 牛肉片入热油锅中，迅速翻炒，变色后立即捞出。

3. 锅内留底油，烧热后投入豆豉、蒜泥和姜末煸出香味，再倒入牛肉和苦瓜翻炒，加入盐、味精炒匀即可。

酸甜土豆片

原料：土豆300克，醋、葱、糖、料酒、酱油、盐、淀粉、食用油、鸡精各适量。

制作方法

1. 土豆洗净、去皮、切片，沥干水备用。

2. 将土豆加入七成热油中炸至呈金黄色时捞入漏勺滤油。

3. 将部分葱爆香，加糖、酱油、醋、料酒、盐煮沸，入土豆片、鸡精，用水淀粉勾芡，出锅装盘撒上葱花即可。

浓汤裙菜煮鲈鱼

原料：鲈鱼600克，山药、裙带菜、枸杞子、葱段、姜片、盐、鸡精、胡椒粉、糖、食用油各适量。

制作方法

1. 山药去皮切成块；裙带菜洗净；枸杞子用清水泡好；鲈鱼去头去骨，鱼肉切成片。

2. 坐锅点火热油，放入葱段、姜片、鱼头炒一下，倒入水，放入山药大火烧开成奶白色，放入裙带菜稍炖几分钟，加入盐、鸡精、胡椒粉、糖调味，转至小火。

3. 将鱼头、山药、裙带菜捞出放入碗中，将枸杞子连同泡的水一起倒入锅中，放入鱼肉片烫熟连汤一起倒入碗中即成。

小贴士：土豆切开后容易氧化变黑，属正常现象，不会造成危害。

扁豆为豆科扁豆属，多年生或一年生缠绕藤本植物。它是餐桌上的常见蔬菜之一。无论单独清炒还是和肉类同吃，或是余熟凉拌，都十分美味可口。

食用性质：味甘，性温

主要营养成分：蛋白质、维生素A、维生素 B_1、维生素 B_2、维生素C、维生素K 、钙、磷、镁

购存技巧

质量好的扁豆，色泽光亮、筋少、肉厚、无斑点，豆荚果呈翠绿色、饱满，豆粒呈青白色或红棕色、有光泽，鲜嫩清香，否则其质量就较差。

扁豆在 0～5℃的低温条件下保存，能保持其较好的外观和营养成分。

营养功效

扁豆不仅味道鲜美，而且营养丰富，其富含蛋白质和多种氨基酸。经常食用能健脾胃、增进食欲，主治脾虚兼湿、食少便溏，湿浊下注、妇女带下过多，还可用于暑湿伤中、吐泻转筋等症。

中医认为扁豆有调和内脏、安养精神、益气健脾、消暑化湿和利水消肿的功效。

夏天多吃一些扁豆有消暑、清口的作用。同时，扁豆可激活肿瘤病人淋巴细胞，产生免疫抗体，对癌细胞有非常特异的抑制作用。

饮食宜忌

特别适宜脾虚便溏、饮食减少、慢性久泄、妇女脾虚带下、小儿疳积（单纯性消化不良）者食用；同时适宜夏季感冒挟湿、急性胃肠炎、消化不良、暑热头痛头昏、恶心、烦躁、口渴欲饮、心腹疼痛、饮食不香之人服食；尤其适宜癌症病人服食。

但是患寒热病者不可食用。

鲜蘑烧扁豆 + 蒸鳜鱼 + 无花果排骨汤

营养分析：扁豆含有细胞凝集素，可增加脱氧核糖核酸和核糖核酸的合成，有消退肿瘤的作用。鳜鱼含有蛋白质、脂肪、钙、钾、镁、硒等营养物质，肉质细嫩，极易消化。

鲜蘑烧扁豆

原料：扁豆段 400 克，鲜蘑块、姜片、食用油、香油、料酒、盐、味精、清汤、淀粉各适量。

制作方法
1. 锅内下食用油烧热，下入氽过水的扁豆段，略炒后捞出沥干油。
2. 原锅留底油，放姜片爆香，烹入料酒、清汤，加盐、鲜蘑、扁豆，小火焖 5 分钟后，加味精，用淀粉勾芡，淋香油即可。

蒸鳜鱼

原料：鳜鱼 500 克，冬笋片 40 克，火腿片 30 克，鲜香菇 50 克，料酒、糖、胡椒粉、盐、味精、葱段、姜片、香油各适量。

制作方法
1. 鳜鱼去内脏、鳃、鳞，洗净装盘；加葱段、姜片、香菇、冬笋片、火腿片、料酒、糖、盐、味精、胡椒粉，与鳜鱼拌匀。
2. 将拌好的鳜鱼放入锅内，大火蒸 15 分钟，淋入香油即可。

无花果排骨汤

原料：猪排骨 500 克，猪瘦肉 200 克，无花果 50 克，甜杏仁 10 克，陈皮 5 克，姜片、盐、鸡精各适量。

制作方法
1. 将猪排骨、猪瘦肉斩件，氽水后备用；甜杏仁、陈皮、无花果洗净。
2. 将以上材料和姜片、清水一起放入沙锅内，大火煮沸后转小火慢煲 2 小时，加盐、鸡精调味即可。

小贴士：制作清蒸鱼的时候须注意，要等水开后再上锅，如果水未开而将鱼加入，会影响口感。

彩色扁豆 + 榨菜肉末蒸鱼 + 青菜蛋花汤

营养分析: 罗非鱼的肉味鲜美,肉质细嫩,含有多种不饱和脂肪酸和丰富的蛋白质。

彩色扁豆

原料: 扁豆300克,胡萝卜150克,鸡蛋200克,番茄酱、盐、食用油各适量。

制作方法

1. 胡萝卜去皮洗净,切丁待用;扁豆洗净,摘去头尾,撕去老筋,切丁待用。

2. 将胡萝卜丁、扁豆丁放入大碗中,打入鸡蛋,加入少许盐搅拌均匀。

3. 锅中倒食用油烧热,倒入拌好的鸡蛋菜丁快炒,待快熟时加入番茄酱搅拌,装盘即可。

榨菜肉末蒸鱼

原料: 罗非鱼600克,榨菜50克,猪肉末50克,红椒丝、葱花、姜丝、食用油、料酒、蚝油、酱油、香油各适量。

制作方法

1. 罗非鱼洗净,在鱼背处横切一刀,抹上一层盐,腌制5分钟;榨菜与猪肉末一起放入碗内,加食用油、料酒、蚝油、酱油拌匀,腌制15分钟入味。

2. 往罗非鱼腹中塞入少许姜丝,鱼身也撒上姜丝,将腌好的肉末榨菜丝铺在鱼身上,待撒上一层红椒丝后,再盖上一层保鲜膜腌制15分钟入味。

3. 烧开锅内的水,放入掀去保鲜膜的罗非鱼大火隔水蒸15分钟,取出撒上葱花,淋上香油即可。

青菜蛋花汤

原料: 小白菜100克,猪肉50克,鸡蛋1个,盐、胡椒粉、香油各适量。

制作方法

1. 猪肉洗净,切丝;小白菜洗净,切长条;鸡蛋打散。

2. 锅内加适量清水烧开,下入小白菜稍煮。

3. 再下入肉丝和调味料煮1分钟,淋上打散的蛋液即可。

小贴士: 扁豆在烹调前应将豆筋摘除干净,否则既影响口感,又不易消化。

番茄

番茄属茄科，为一年生蔬菜，是全世界栽培最为普遍的果菜之一。番茄起源于南美洲的安第斯山地带，现在已经成为深受人们喜爱的一种食物，被称为"平民水果之王"。

食用性质： 味甘，性寒

主要营养成分： 碳水化合物、维生素A、维生素C、维生素P、叶酸、钙、磷、钾

购存技巧

番茄以果形周正、无裂口和虫咬、成熟适度、酸甜适口、肉肥厚、心室小者为佳。

将番茄放入塑料食品袋内，扎紧口，置于阴凉处，每天打开袋口1次，通风换气5分钟左右。如塑料袋内附有水蒸气，可用干毛巾擦干，再扎紧袋口保存。

营养功效

番茄含有番茄红素，具有独特的抗氧化能力，能清除自由基，保护细胞，使脱氧核糖核酸及基因免遭破坏，阻止癌变进程。番茄所含的苹果酸或柠檬酸，有助于对脂肪及蛋白质的消化。

番茄含有对心血管具有保护作用的维生素和矿物质，能减少心脏病的发作。番茄含维生素C，有生津止渴、健胃消食、凉血平肝、清热解毒、降低血压之功效，对高血压、肾病患者有良好的辅助治疗作用。番茄含有的营养物质有利于保持血管壁的弹性和保护皮肤。

饮食宜忌

适宜热性病发热、口渴、食欲不振、牙龈出血、贫血、头晕、心悸、高血压、急慢性肝炎、急慢性肾炎、夜盲症和近视眼者食用。

不宜空腹大量食用番茄，否则会使胃酸分泌量增多，造成胃不适、胃胀痛。凡急性肠炎、菌痢及溃疡患者不宜食用。

金针番茄汤 + 青蒜烧肉 + 肉末豆腐

营养分析: 金针菇中含锌量比较高,有促进儿童智力发育和健脑的作用。青蒜具有醒脾气、消积食的作用,还有良好的杀菌、抑菌作用,能有效预防流感、肠炎以及环境污染引起的疾病。

金针番茄汤

原料: 番茄 200 克,鲜金针菇、黑木耳各 50 克,盐、味精、鲜汤、葱花、香油各适量。

制作方法

1. 番茄用开水烫一下,去皮切成薄片;金针菇洗净,切去根部;黑木耳泡透,撕成小片。

2. 锅内放入鲜汤煮沸,加入金针菇、黑木耳、番茄,再煮沸,加盐、味精调味,淋入香油,撒葱花即可。

青蒜烧肉

原料: 猪五花肉块250克,食用油、青蒜段、酱油、糖、姜片、料酒、盐各适量。

制作方法

1. 锅内下食用油烧热,炒香姜片,放入猪肉块煸炒出油,沥去油,加入料酒、盐、酱油、糖,继续煸炒。

2. 倒入清水,用大火烧开,转小火焖烧,待肉块九成熟时放入青蒜段,翻匀后焖烧至肉块酥烂即可。

肉末豆腐

原料: 豆腐 300 克,猪瘦肉 50 克,番茄酱 30 克,蒜泥、葱花、盐、淀粉、食用油各适量。

制作方法

1. 豆腐切丁,余水;猪瘦肉洗净,切末;锅内倒食用油烧热,放入肉末炒熟后盛起。

2. 炒锅留底油,下蒜泥和番茄酱炒匀,最后下入肉末和豆腐翻炒均匀,加盐调味,用淀粉勾芡,撒上葱花即可。

小贴士: 金针菇一定要煮熟再吃,否则容易引起中毒。

番茄炒牛肉 + 西蓝花炒紫包菜 + 菊花鸡肉汤

营养分析： 紫菜包可以明耳目，益心力，壮筋骨。

番茄炒牛肉

原料： 牛肉 250 克，番茄 400 克，葱、姜、蒜、淀粉、食用油、酱油、番茄酱、盐、白糖、味精各适量。

制作方法

1. 牛肉切片后加酱油、食用油、水、淀粉拌匀腌置，番茄去皮后切成块状。

2. 炒锅热油，倒入牛肉，炸至七成熟时捞起沥油。

3. 锅内留底油，放入葱、姜、蒜、番茄翻炒，再加适量清水及盐、番茄酱、糖、味精。

4. 番茄煮烂后加入牛肉略炒，用水淀粉勾芡，炒匀后即可装盘。

西蓝花炒紫包菜

原料： 西蓝花 350 克，紫包菜 100 克，黄豆芽、青椒、鲜木耳、胡萝卜、金针菇、冬腌菜各 50 克，盐、糖、鸡精各适量。

制作方法

1. 将冬腌菜洗净切三角块；青椒、鲜木耳、胡萝卜切丝；黄豆芽去根须；西蓝花摘小朵。

2. 西蓝花、胡萝卜丝先氽水、过凉水后捞出。

3. 热油锅、将冬腌菜先爆香，再入青椒丝、鲜木耳丝、胡萝卜丝、西蓝花、紫包菜、黄豆芽，翻炒至熟，用盐、糖、鸡精调味即可。

菊花鸡肉汤

原料： 鸡 900 克，菊花 60 克，葱、姜、盐、料酒、胡椒粉各适量。

制作方法

1. 菊花洗净，装入药袋；鸡杀好，洗净，切块。

2. 上述材料与姜、料酒一同放入沙锅内，加水适量，大火煮沸后，小火煲至鸡肉熟烂。

3. 取出药袋，加葱、盐、胡椒粉调味即可。

小贴士： 外感风热多用黄菊花，清肝明目多用白菊花。

豇豆分为长豇豆和饭豇豆两种。长豇豆一般作为蔬菜食用，既可热炒，又可余水后凉拌。李时珍称"此豆可菜、可果、可谷，备用最好，乃豆中之上品"。

食用性质： 味甘，性平

主要营养成分： 维生素 A、维生素 B_1、维生素 B_2、维生素 C、铁、镁、锰、磷、钾、蛋白质、叶酸

购存技巧

在选购豇豆时，一般以豆条粗细均匀、色泽鲜艳有光泽、子粒饱满的为佳，而有裂口、皮皱、条过细无子、表皮有虫痕的豇豆则不宜购买。

豇豆通常直接放在塑胶袋或保鲜袋中冷藏，能保存 5~7 天。如果想保存得更久一点，最好把它们洗干净后用盐水余烫并沥干水分，再放进冰箱中冷冻。

营养功效

豇豆可提供易于消化吸收的优质蛋白质，适量的碳水化合物、多种维生素及微量元素等，可补充机体的营养素。

豇豆所含 B 族维生素能维持正常的消化腺分泌和胃肠道蠕动的功能，抑制胆碱酶活性，可帮助消化，增进食欲。豇豆中所含维生素 C 能促进抗体的合成，提高机体抗病毒的能力。

豇豆的磷脂有促进胰岛素分泌，参加糖代谢的作用，是糖尿病人的理想食品。

饮食宜忌

豇豆尤其适合糖尿病、肾虚、尿频、遗精及一些妇科功能性疾病患者多食。

气滞便结者应慎食豇豆。

红焖豇豆 + 脆炒南瓜丝 + 老火鸡汤

营养分析：南瓜所含果胶可以保护胃肠道黏膜免受粗糙食品刺激，促进溃疡愈合；所含成分能促进胆汁分泌，加强胃肠蠕动，帮助食物消化。鸡汤特别是老母鸡汤向来以美味著称，补虚的功效也为人所知晓。鸡汤还可以起到缓解感冒症状，提高人体的免疫功能的作用。

红焖豇豆

原料：豇豆段 500 克，猪瘦肉片、酱油、盐、味精、葱片、姜末、蒜片、淀粉、食用油各适量。

制作方法

1. 锅内下食用油烧热，将豇豆炒至半熟，备用；用葱片、姜末、蒜片炝锅，放入肉片煸炒至变色。

2. 放入豇豆，加酱油、盐，加适量的水，小火焖至熟烂，转大火，加味精、淀粉即可。

脆炒南瓜丝

原料：嫩南瓜 400 克，青椒、盐、味精、食用油、香油各适量。

制作方法

1. 嫩南瓜洗净，切丝；青椒洗净，切丝。

2. 锅内下食用油烧热，下入南瓜丝、青椒丝快速翻炒 3 分钟。

3. 调入盐、味精、香油炒匀，起锅盛入盘中即可。

老火鸡汤

原料：老母鸡 400 克，猪脊骨、猪瘦肉各 250 克，红枣、枸杞子、姜片、盐各适量。

制作方法

1. 将老母鸡、猪脊骨、猪瘦肉洗净，斩件，余水；红枣、枸杞子洗净。

2. 沙锅内加水，放老母鸡、猪脊骨、猪瘦肉、红枣、枸杞子、姜片，大火煮沸，转小火煲 2 小时，加盐调味即可。

小贴士：鸡屁股有很重的腥臭味，煲汤时应去掉，否则会影响口味和美感。

豇豆炒豆腐干 + 啤酒蒸鸭 + 陈皮山楂萝卜汤

营养分析：豇豆的磷脂有促进胰岛素分泌，参加糖代谢的作用，是糖尿病人的理想食品。

豇豆炒豆腐干

原料：豆腐干 500 克，豇豆 100 克，青椒、红椒、香菜、蒜、盐、味精、醋、香油、辣椒酱、水淀粉、食用油各适量。

制作方法

1. 青、红椒去子洗净，切小丁；豆腐干切小丁；香菜洗净切段；蒜切蓉。

2. 豇豆放在碗中，加水浸过顶，放入蒸笼中用中火蒸透。

3. 起锅热油，加蒜蓉、辣椒酱爆香，放入豆腐干、豇豆、青、红椒丁，调入盐、味精、醋，爆炒至干香，用水淀粉勾芡，再放入香菜炒匀，倒入香油即可。

啤酒蒸鸭

原料：鸭 800 克，水发香菇、青豆各 30 克，啤酒、姜片、葱段、香菜、盐、料酒、胡椒粉、淀粉、酱油、香油、鸡精各适量。

制作方法

1. 鸭洗净切块，加盐、料酒、胡椒粉腌 15 分钟，再蘸上酱油入油锅炸至棕红，捞出沥干；香菇切小块；青豆、香菜洗净。

2. 热油锅爆香葱、姜，加香菇、青豆煸炒至香，加入盐烧沸装盘，放入鸭块、啤酒移至蒸锅以大火蒸熟。

3. 拣去葱、姜，汤汁回锅下淀粉勾芡后浇在鸭块上，淋上香油、撒上香菜即可。

陈皮山楂萝卜汤

原料：萝卜 1 个，山楂 25 克，陈皮 10 克，食用油、盐各适量

制作方法

1. 山楂浸好；萝卜切丝；陈皮切丝。

2. 陈皮加水煮开，加入山楂，加入萝卜条和食用油，再煮。

3. 煮开用盐调味即可。

小贴士：啤酒蒸鸭中除了啤酒之外不必再加水，以免水分过多影响风味。

油菜

油菜是人类栽培的最古老的农作物之一，因其子实可以榨油，故有油菜之名。油菜和黄豆、向日葵、花生一起，并列为世界四大油料作物。其营养素含量及食疗价值是蔬菜中的佼佼者。

食用性质：味辛，性温

主要营养成分：蛋白质、碳水化合物、维生素 A、维生素 C、钙、磷、钠、镁

购存技巧

购买油菜时要挑选新鲜、油亮、无虫、无黄叶的嫩油菜。用两指轻轻一掐即断者为嫩油菜，还要仔细观察菜叶的背面有无虫迹。

油菜买回家后若不立即食用，可用纸包起，放入塑胶袋中，在冰箱的蔬果室中保存，但不宜超过 24 小时。如果没有冰箱，要放在阴凉处晾开，别捂在塑料袋里。

营养功效

油菜中所含的植物激素，能够促进酶的形成，对进入人体内的致癌物质有吸附、排斥作用，故有防癌功能。

油菜中含有大量的膳食纤维，能促进肠蠕动，增加粪便的体积，缩短粪便在肠腔停留的时间，从而治疗多种便秘，预防肠道肿瘤。

油菜含有的膳食纤维，能与胆酸盐和食物中的胆固醇及甘油三酯结合，故可用来降血脂。

油菜含有大量胡萝卜素和维生素 C，有助于增强机体免疫能力。油菜的含钙量在绿叶蔬菜中最高。

油菜还能增强肝脏的排毒机制，对皮肤疮疖、乳痈有辅助治疗作用。

饮食宜忌

特别适宜口腔溃疡、口角湿白、牙龈出血、牙齿松动、淤血腹痛、癌症患者食用。

孕早期妇女、狐臭患者不宜多食；麻疹后及疥疮、目疾患者不宜食用。

生炒油菜 + 红焖莲藕丸 + 姜丝蒸鲈鱼

营养分析：油菜是碱性食品，适当吃些碱性食品可使体内的酸碱得到平衡。藕的营养价值很高，富含铁、钙等微量元素，植物蛋白质、维生素以及淀粉含量也很丰富，有明显的补益气血，增强人体免疫力作用。

生炒油菜

原料：油菜 1000 克，猪油渣 25 克，蒜末 5 克，盐、糖、生抽、料酒各适量。

制作方法

1. 油菜去叶、梗，只取菜薹，洗净，氽水，捞出，沥水。

2. 锅置火上烧热，下猪油渣，爆香蒜，下菜薹煸炒，加糖、生抽、料酒，入盐调味即可。

红焖莲藕丸

原料：莲藕 450 克，鸡蛋液、瘦肉糜、葱段、姜片、香菇碎、盐、淀粉、鸡汤、食用油各适量。

制作方法

1. 将莲藕煮熟，压成泥，加香菇碎、瘦肉糜、鸡蛋液拌匀，做成莲藕丸，入油锅炸熟，捞出。

2. 锅内留底油，放姜片、葱段煸香，放莲藕丸，添鸡汤煮沸，加盐焖熟，用淀粉勾芡即可。

姜丝蒸鲈鱼

原料：鲈鱼 750 克，姜丝 20 克，香菇片 25 克，料酒、盐、味精、葱段各适量。

制作方法

1. 鲈鱼治净，鱼身两面均剞上刀纹，装入汤盘，把香菇片和姜丝排在鱼身上，葱段放鱼头、鱼尾两处。

2. 加清水、料酒、盐、味精，加盖，上笼屉用大火蒸 10 分钟后取出，拣去葱段即可。

小贴士：油菜以炒食、氽食为主。

豆泡烧油菜 + 葱爆牛肉 + 番茄蛋花汤

营养分析：豆泡富含优质蛋白、多种氨基酸、不饱和脂肪酸及磷脂等营养素，铁、钙的含量也相当丰富。

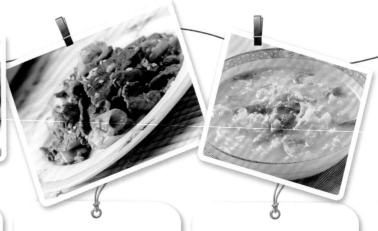

豆泡烧油菜

原料：豆泡 350 克，油菜 250 克，盐 3 克，酱油 10 毫升，糖、味精、食用油各适量。

制作方法

1. 油菜洗净切断；豆泡切半待用。

2. 锅中倒油烧热，下油菜炒匀，加入豆泡煸炒片刻，下盐、糖炒 3 分钟，调入酱油、味精，即可出锅。

葱爆牛肉

原料：牛肉 200 克，熟白芝麻、葱、蒜、姜、酱油、辣椒粉、料酒、鸡粉、淀粉、盐、醋、芝麻油、清水各适量。

制作方法

1. 牛肉洗净，逆着纹理切成薄片，加入酱油、辣椒粉、料酒等腌料抓匀，腌制 30 分钟。

2. 葱去头尾洗净，切段；姜、蒜切末。

3. 烧热食用油，倒入葱、姜和蒜爆香，倒入牛肉片，与葱等一同翻炒，炒至牛肉变色，加入熟白芝麻、盐和醋，淋上芝麻油炒匀即可。

番茄蛋花汤

原料：番茄 250 克，鸡蛋 2 个，银耳 5 克，鸡汤、食用油、盐、胡椒粉、糖各适量。

制作方法

1. 番茄洗净，切块；鸡蛋打匀成蛋液；银耳浸透，放入沸水中稍煮，漂冷。

2. 锅内放食用油烧热，爆炒番茄，放入鸡汤、银耳、盐、糖、胡椒粉煮沸。

3. 加入蛋液，煮成蛋花即可食用。

小贴士：消化不良、胃肠功能较弱者慎食豆泡。

菠菜属藜科一年生或二年生蔬菜，主根粗长、红色、味甜，叶呈三角状卵形、浓绿色。菠菜在中国被称为"红嘴绿鹦哥"，古代阿拉伯人则称其为"蔬菜之王"。

食用性质：味甘，性凉

主要营养成分：维生素 C、维生素 B₆、叶酸、胡萝卜素、蛋白质、铁、钙、磷

购存技巧

菠菜以叶色浓绿、根为红色、不着水、茎叶不老、无抽薹开花、不带黄烂叶者为佳。菠菜要选用叶嫩、小棵且保留菜根的。

用湿纸包好装入塑料袋或用保鲜膜包好放在冰箱里，一般在 2 天之内食用可以保证菠菜的新鲜。

营养功效

菠菜中所含的胡萝卜素，在人体内转变成维生素 A，能维护正常视力和上皮细胞的健康，增强预防传染病的能力，促进儿童生长发育。菠菜含铁、钙、维生素 C、维生素 K 较多，有补血和止血作用；所含的酶对胃和胰腺的分泌有一定促进作用，能增进食欲、帮助消化；菠菜含有叶酸，孕妇食之有利于胎儿大脑神经的发育，可防止畸胎；还含有一种与胰岛素相类似的物质，有助于糖尿病患者降低血糖。

菠菜的提取物具有促进细胞增殖的作用，既抗衰老又能增强青春活力。

饮食宜忌

适宜老、幼、病、弱者，电脑工作者，高血压、便秘、贫血、坏血病患者，皮肤粗糙者，过敏者食用。糖尿病患者常食有利于保持血糖稳定。

菠菜的草酸含量较高，一次食用不宜过多。肾炎、肾结石、脾虚便溏者慎食。

银丝菠菜 + 冬菜蒸白切鸡 + 清蒸赤豆鲤鱼

营养分析：冬菜营养丰富，含有多种维生素，具有开胃健脑的作用。鲤鱼富含优质蛋白质，可供给人体必需氨基酸、维生素D等。

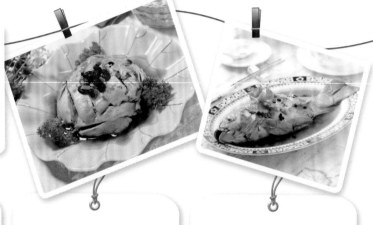

银丝菠菜

原料：菠菜段 500 克，细粉丝 100 克，食用油、淀粉、盐、味精、糖、姜末各适量。

制作方法

1. 锅内下食用油烧热，下入粉丝炸至酥香，捞出装盘。

2. 炒锅内留底油，下入姜末炝锅，倒入菠菜段用大火煸炒，加盐、糖、味精调味炒匀，用淀粉勾薄芡，盛在粉丝上即可。

冬菜蒸白切鸡

原料：白切鸡 400 克，冬菜 50 克，枸杞子、姜末、葱花、食用油、香油、盐、味精、鸡精、胡椒粉各适量。

制作方法

1. 将白切鸡斩成整齐的块；冬菜切碎。

2. 将鸡块放入碗内，加冬菜碎、盐、味精、胡椒粉、鸡精、香油，入笼蒸 20 分钟。

3. 撒枸杞子、葱花、姜末、淋入热食用油即可。

清蒸赤豆鲤鱼

原料：鲤鱼 500 克，赤豆 50 克，香菜、姜丝、葱丝、陈皮、草果、盐、料酒、鸡汤、味精各适量。

制作方法

1. 鲤鱼去内脏、鳃、鳞、洗净；赤豆、陈皮、草果分别洗净后放入鱼腹中。

2. 将鱼放入汤碗中，加入盐、姜丝、料酒、鸡汤，入笼屉中蒸 1 小时，出笼后撒葱丝、香菜即可。

小贴士：鲤鱼鱼腹两侧各有一条如同细线一样的白筋，去掉可以除去腥味。

鱼香菠菜 + 蒜薹炒肉丝 + 胡萝卜豆腐炖鱼头

营养分析： 菠菜含碳水化合物、维生素 A、维生素 C、钠、钙等，可增强肌体抗病能力。

鱼香菠菜

原料： 菠菜 500 克，泡椒 20 克，葱、蒜、姜、酱油、料酒、淀粉、食用油、盐、糖、醋各适量。

制作方法

1. 菠菜洗净，葱、姜、蒜洗净切末；将盐、糖、醋、酱油、料酒、淀粉混合调成味汁。

2. 锅内倒少量油烧热，下入菠菜稍炒后盛盘。

3. 锅内倒油烧热，放入泡椒、姜末、蒜末煸炒出香味，再倒入兑好的味汁炒熟，放入菠菜炒匀，撒入葱末即可。

蒜薹炒肉丝

原料： 猪瘦肉 300 克，蒜薹 100 克，食用油、盐、水淀粉、香油、红辣椒、姜各适量。

制作方法

1. 将蒜薹洗净切成段；猪瘦肉、红辣椒切成中丝；姜去皮切成丝。

2. 锅内烧热食用油，下入姜丝、蒜薹，用中火炒至五成熟。

3. 加入肉丝、红辣椒丝，调入盐，用中火炒至入味，下水淀粉勾芡，淋入香油，出锅入碟即可食用。

胡萝卜豆腐炖鱼头

原料： 豆腐 150 克，鲜鱼头 200 克，胡萝卜 20 克，香菇 10 克，姜片、葱段、料酒、清汤、食用油、盐、味精、胡椒粉各适量。

制作方法

1. 鱼头去净鳃、鳞，斩成块；香菇去蒂；胡萝卜去皮，切片；豆腐切块。

2. 锅内加食用油，放入姜片、鱼头，小火煎至稍黄，加入料酒、清汤，中火煮沸。

3. 待煮至汤白，加香菇、胡萝卜、豆腐，调入盐、味精、胡椒粉、葱段，3 分钟后起锅，盛入汤碗内即可。

小贴士： 选择菠菜时，应挑选泽浓绿，根为红色，不着水，茎叶不老，无抽薹开花者为佳。

空心菜

空心菜为旋花科草本植物。其茎中空，叶直生，叶柄长，色绿，质柔嫩。空心菜原产我国，主要分布在长江以南地区。

食用性质：味甘，性寒

主要营养成分：蛋白质、脂肪、碳水化合物、矿物质、胡萝卜素、维生素 B_1、维生素 B_2、维生素 C

购存技巧

在选购时应注意不要选根茎特别肥大的空心菜，因为其可能是用化肥催生出来的，常食对身体不利。选空心菜时，最好挑选茎叶比较完整、茎部不太长、叶子新鲜细嫩、不长须根的。

空心菜不耐久放，因此最好买回家后就尽快食用，存放不要超过3天。如果是连根的空心菜，可以连根一起置于冰箱冷藏，最多可放5天。

营养功效

空心菜富含的粗纤维素，由纤维素、半纤维素、木质素、胶浆及果胶等组成，具有促进肠蠕动、通便解毒的作用，对防治便秘及减少肠道癌变有积极的作用。

空心菜所含的胡萝卜素、维生素 C 均有防癌作用。根据动物实验证实，空心菜的水浸出液能降低胆固醇、甘油三脂，具有降脂减肥的功效。空心菜中的叶绿素有"绿色精灵"之称，可洁齿防龋、健美皮肤，堪称美容佳品。紫色空心菜中含胰岛素成分而能降低血糖，可作为糖尿病患者的食疗佳蔬。

空心菜为碱性食物，食后可降低肠道的酸度，预防肠道内的菌群失调，对防癌有益。

饮食宜忌

适宜便血、血尿、鼻衄、糖尿病、高胆固醇、高脂血症患者以及爱美者食用。

空心菜性寒滑利，故体质虚弱、脾胃虚寒、大便溏泄者不宜多食，血压偏低、胃寒者慎服食。

素炒空心菜 + 菠萝鸡丁 + 冬瓜排骨汤

营养分析： 菠萝含有丰富的 B 族维生素，能有效滋养肌肤，防止皮肤干裂。猪排骨提供人体生理活动必需的优质蛋白质、脂肪，尤其是丰富的钙质可维护骨骼健康。

素炒空心菜

原料： 空心菜 500 克，盐、味精、葱、料酒、食用油各适量。

制作方法

1. 将葱洗净，切成末；空心菜摘去根、茎和老叶，洗净，沥干水分。

2. 锅内下食用油烧热，下入空心菜、葱末，翻炒。

3. 加盐，烹料酒，放味精，炒至菜色变深，出锅装盘即可。

菠萝鸡丁

原料： 鸡腿肉 200 克，菠萝丁 200 克，青椒丁、红椒丁、黄椒丁各 20 克，酱油、料酒、淀粉、糖、盐、食用油各适量。

制作方法

1. 将鸡腿肉拍松，切丁，用酱油、料酒、淀粉、糖腌渍，下入油锅过油。

2. 原锅留底油，倒入各种丁翻炒，加盐调味，用淀粉勾芡即可。

冬瓜排骨汤

原料： 猪排骨 400 克，冬瓜 500 克，苍术 10 克，泽泻 5 克，陈皮、盐各适量。

制作方法

1. 将苍术、泽泻、陈皮洗净；冬瓜洗净，保留冬瓜皮、瓤、仁，切成大块；猪排骨洗净，斩件。

2. 沙锅内加入适量清水和猪排骨，用大火煲沸，再放入冬瓜、苍术、泽泻、陈皮，用中火煲 2 小时，加入适量盐调味即可。

小贴士： 冬瓜切成厚片后才不容易炖糊，口感也会更好。如果没有苍术、泽泻，可用姜替代。

空心菜炒牛肉 + 芹菜炒鸡蛋 + 南瓜红枣排骨汤

营养分析： 南瓜含有丰富的蛋白质、黄酮类化合物、胡萝卜素、维生素 A、维生素 C、维生素 D、维生素 E、维生素 P、维生素 K、钙、磷、铁、钾、锌、硒等营养素。

空心菜炒牛肉

原料： 牛肉 500 克，空心菜 100 克，红辣椒、蚝油、香油、食用油、淀粉、糖、生抽、盐各适量。

制作方法

1. 牛肉切丝后，加蚝油、淀粉、糖、水，抓捏均匀腌制片刻后，再加香油拌匀；空心菜择洗干净；红辣椒切丝。

2. 起锅烧食用油，将牛肉滑至变色就出锅；底油炒空心菜和红辣椒丝，加少许盐先让空心菜入味。

3. 最后放入牛肉丝，放生抽快速拌匀即可。

芹菜炒鸡蛋

原料： 鸡蛋 5 个，芹菜 300 克，葱末、盐、味精、食用油各适量。

制作方法

1. 芹菜切段，入沸水锅内烫一下，捞出沥干；鸡蛋磕入碗内，加盐、味精、葱末、水搅匀。

2. 起锅倒入食用油，下入蛋液，边炒边淋食用油。

3. 鸡蛋炒熟后再下芹菜段，炒熟出锅即可。

南瓜红枣排骨汤

原料： 南瓜 700 克，排骨 500 克，红枣、江瑶柱、姜、盐各适量。

制作方法

1. 南瓜去皮去瓤心，洗净切厚块；红枣洗净，去核；排骨斩成件。

2. 江瑶柱洗净，用清水浸软，约需 1 小时。

3. 将适量水放入煲内烧开，放入排骨、江瑶柱、南瓜、红枣、姜再煮沸，小火煲 3 小时，放盐调味。

小贴士： 炒牛肉除了预先腌制很重要，最关键是要热锅冷油，将牛肉滑至变色就出锅，这是肉不会沾锅而且嫩的要诀。

生菜

生菜因适宜生食而得名，质地脆嫩，口感鲜嫩清香，深受人们喜爱。生菜传入我国的历史较悠久，特别是大城市近郊栽培较多。现在市场上一般有两种生菜，即球形的包心生菜和叶片的奶油生菜。

食用性质：味甘，性凉

主要营养成分：蛋白质、碳水化合物、维生素A、维生素C、钙、磷、钾、镁

购存技巧

挑选生菜，先看菜叶的颜色是否青绿，然后看茎部，茎部呈干净白色的比较新鲜。越新鲜的生菜叶子越脆，叶面有诱人的光泽。在叶面有断口或褶皱的地方，不新鲜的生菜会因为空气氧化的作用而变得好像生了锈斑一样，而新鲜的生菜则不会有。

储存时，将生菜的菜心摘除，然后用湿润的纸巾塞入菜心处让生菜吸收水分，等到纸巾较干时将其取出，再将生菜放入保鲜袋中冷藏。

营养功效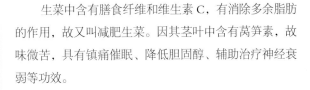

生菜中含有膳食纤维和维生素C，有消除多余脂肪的作用，故又叫减肥生菜。因其茎叶中含有莴笋素，故味微苦，具有镇痛催眠、降低胆固醇、辅助治疗神经衰弱等功效。

生菜中含有甘露醇等有效成分，有利尿和促进血液循环的作用。

生菜中含有一种"干扰素诱生剂"，可刺激人体正常细胞产生干扰素，从而产生一种抑制病毒的物质。

饮食宜忌

由于生菜性质寒凉，因此尿频、胃寒的人应少吃。而在市场上买来的生菜可能有农药、化肥的残留物，生吃前一定要洗干净。

生菜对乙烯极为敏感，储藏时应远离苹果、梨和香蕉，以免诱发赤褐斑点。

蚝油生菜 + 马蹄炒鸡片 + 豆腐葱花汤

营养分析：番茄酱中除了番茄红素外，还有 B 族维生素、膳食纤维、矿物质、蛋白质及天然果胶等营养素。和新鲜番茄相比，番茄酱里的营养成分更容易被人体吸收，且味道酸甜可口，可增进食欲。葱的主要营养成分是蛋白质、糖类、维生素 A、膳食纤维，以及磷、铁、镁等，有发汗解毒作用。

蚝油生菜

原料：生菜 500 克，蚝油 30 毫升，大蒜末、熟猪油、酱油、香油各适量。

制作方法

1. 炒锅放熟猪油烧热，倒入生菜煸炒至软，装盘。

2. 炒锅内放适量熟猪油，复置火上烧热，放入蒜末、蚝油炒出香味，加上酱油，淋上香油，淋在炒好的生菜叶上面即可。

马蹄炒鸡片

原料：鸡肉片 250 克，鸡蛋 100 克（打散），马蹄片 15 克，食用油、盐、糖、番茄酱、淀粉各适量。

制作方法

1. 起锅，倒入食用油，下入鸡肉片、马蹄片，炒至九成熟，加鸡蛋液炒匀。

2. 加入番茄酱、盐、糖，小火炒至入味，用淀粉勾芡，铲起装盘即可。

豆腐葱花汤

原料：豆腐 150 克，葱花、姜片、酱油、香油、猪油、味精各适量。

制作方法

1. 豆腐切成小块，放清水中浸泡 30 分钟。

2. 锅置火上，入猪油后放入豆腐稍煎，加入适量清水、姜片、酱油煮沸，再煮 20 分钟，加入葱花、香油、味精即可。

小贴士：煎豆腐时宜用猪油。用煎过后的豆腐煮汤，味道更好。

香菇生菜 + 板栗烧肉 + 紫菜虾干汤

营养分析： 板栗有健脾胃、益气补肾、壮腰强筋的功用。

香菇生菜

原料： 生菜 400 克，香菇 50 克，水淀粉、盐、姜末、蒜末、料酒、玫瑰酒、熟鸡油、食用油各适量。

制作方法

1. 生菜摘洗净，撕小块，余水，沥干备用；香菇去蒂，切成丝。

2. 炒锅置火上，注入适量食用油烧热，下入蒜末和香菇丝煸炒片刻，加清水、姜末、料酒、玫瑰酒煮沸。

3. 放入生菜炒匀，加料酒、盐调味，用水淀粉勾芡，淋上熟鸡油，出锅装盘即可。

板栗烧肉

原料： 猪五花肉、板栗各 250 克，酱油、料酒、盐、糖、葱段、姜片各适量。

制作方法

1. 在板栗底端切一刀，放沸水中稍煮后捞出，去壳。

2. 猪五花肉洗净切块，放入锅内，加酱油、料酒、葱段、姜片，大火烧煮片刻，使肉上色。

3. 然后加水，烧开后转用小火烧煮，肉块微酥时加入板栗，肉、板栗都烧酥时再加入盐、糖，略煮即可。

紫菜虾干汤

原料： 虾干 50 克，紫菜 25 克，鸡蛋 1 个，白菜叶 50 克，葱末、食用油、盐、味精、香油各适量。

制作方法

1. 将虾干用温水泡软洗净；鸡蛋磕入碗内打匀；紫菜撕碎放入汤碗中；白菜叶切成丝。

2. 炒锅上火烧热，加入底油，放葱末煸炒出香味，加入适量的开水，再放虾干，用小火煮至熟透后，加入盐、白菜叶和紫菜。

3. 再淋入鸡蛋液，加味精、香油，待鸡蛋花浮于汤表面即可。

小贴士： 在炒生菜时可能会出很多水，所以在炒制过程中可以不用加水。炒生菜，时间都不要太长，方保其脆嫩。

土豆属多年生草本块茎类蔬菜，呈椭圆形，有芽眼，皮有红、黄、白或紫色，肉有白色或黄色，淀粉含量较多，口感为脆质或粉质。土豆原产于南美洲高山地区，18世纪传入我国。

食用性质：味甘，性平

主要营养成分：蛋白质、碳水化合物、铁、B族维生素、维生素C

购存技巧

土豆以体大、形正并整齐均匀，皮面光滑而不过厚，芽眼较浅而便于削皮者为佳。土豆分黄、白两种，黄的较粉，白的较甜。土豆要选光滑圆润的，不要畸形的，颜色要均匀的，不要有绿色、长出嫩芽的。肉色变成深灰或有黑斑的，多是冻伤或坏了的，均不宜进食。

土豆应保存在低温、无阳光直射的地方，防止生芽。

营养功效

土豆含有大量膳食纤维，能宽肠通便，帮助机体及时排泄代谢毒素，防止便秘，预防肠道疾病的发生。土豆含有大量淀粉以及蛋白质、B族维生素、维生素C等，能增强脾胃的消化功能。土豆所含的钾能取代体内的钠，同时能将钠排出体外，有利于高血压患者的康复。

土豆能供给人体大量有特殊保护作用的黏液蛋白，能保持消化道、呼吸道以及关节腔、浆膜腔的润滑，预防心血管系统的脂肪沉积，保持血管的弹性，防止动脉粥样硬化。

土豆中的醌类物质会把致癌物质转变成水溶性物质，以便于排出体外；醌类成分能抑制致癌物的活化，从而起到防癌作用。

饮食宜忌

一般人均可食用，但糖尿病患者不宜过多食用。

凡腐烂、霉变或生芽较多的土豆，因含过量龙葵素，极易引起中毒，不能食用；买回来的土豆放几天后容易变绿，绿色的土豆皮中龙葵碱含量很高，人食用后易中毒。因此，发芽和表皮发绿的土豆不能食用。

炒土豆丝 + 陈皮油淋鸡 + 玉竹牛筋汤

营养分析： 土豆含有丰富的维生素及钙、钾等微量元素，且易于消化吸收，有利于高血压和肾炎水肿患者的康复。牛筋中含有丰富的胶原蛋白，脂肪含量也比肥肉低，并且不含胆固醇，能促进细胞生理代谢，使皮肤更富有弹性和韧性，延缓皮肤的衰老，并有强筋壮骨之功效。

炒土豆丝

原料： 土豆 400 克，食用油、酱油、盐、醋、葱花和花椒各适量。

制作方法

1. 土豆去皮，洗净，切成细丝，放于清水中浸 10 分钟，洗去水淀粉。

2. 锅内下食用油烧热，下入葱花、花椒略炸，倒入土豆丝。

3. 土豆丝炒拌均匀（约 5 分钟），待土豆丝快熟时加酱油、醋、盐，略炒即可。

陈皮油淋鸡

原料： 嫩公鸡 800 克，陈皮片 30 克，花椒 15 克，姜片 10 克，葱段 10 克，食用油、盐、味精、酱油、香油各适量。

制作方法

1. 将嫩公鸡宰杀，清理干净，去掉内脏后斩成小块。

2 锅内下食用油烧热，下陈皮、姜片、鸡块，中火炒至鸡肉收紧。

3. 加盐、味精、酱油、香油、花椒调味，炒至香醇，加入葱段略翻炒即可。

玉竹牛筋汤

原料： 玉竹 10 克，牛筋 300 克，猪瘦肉 200 克，猪脊骨 200 克，沙参 10 克，姜 10 克，红枣 20 克，盐、鸡精各适量。

制作方法

1. 将猪瘦肉、猪脊骨、牛筋洗净，斩件，汆水；其他材料洗净。

2. 沙锅内放入所有材料（味料除外），加入适量清水，煲 2 小时，调入盐、鸡精即可。

小贴士： 干牛蹄筋需用凉水或碱水发制，发制好的蹄筋应反复用清水清洗。

土豆焖鸡 + 桃仁莴笋 + 海带紫菜瓜片汤

营养分析：土豆有补益脾胃、补气养血、瘦身健体之功效。

土豆焖鸡

原料：鸡 500 克，土豆 250 克，葱末、姜末、盐、料酒、酱油、糖、食用油各适量。

制作方法

1. 将土豆去皮，切成块；鸡宰杀干净，剁成小块。

2. 锅内放食用油烧热，下鸡块拉油，捞出；接着加高油温，放入土豆炸至金黄色捞起。

3. 将油倒入锅中烧热，放葱末、姜末炒香，放入鸡块、炸土豆，烹入料酒，加酱油、盐、糖、清水煮沸，然后改小火焖至熟烂即可。

桃仁莴笋

原料：莴笋 300 克，净核桃仁 50 克，胡萝卜 50 克，盐、味精、蒜蓉、香油各适量。

制作方法

1. 将莴笋去皮洗净，切成片；胡萝卜去皮切成片。

2. 锅内放食用油烧热，投入核桃仁炸一下，捞出。

3. 烧锅放食用油，以蒜蓉爆香，投入莴笋片、胡萝卜片，翻炒，加入盐、香油、味精，最后加入核桃仁炒匀即可。

海带紫菜瓜片汤

原料：海带 100 克，冬瓜 250 克，紫菜 15 克，料酒、香油、盐、味精各适量。

制作方法

1. 海带泡发后切成条；冬瓜去皮、洗净切片；紫菜洗净。

2. 锅内放水烧开，加入海带、冬瓜片，煮约 2 分钟。

3. 加盐、料酒、味精调味，冲入盛放紫菜的汤碗里，浇上香油即成。

小贴士：去皮后的土豆切成小块，在冷水中浸半小时以上，使残存的龙葵素溶解在水中。

白萝卜

白萝卜为十字花科二年生草木植物。我国是白萝卜的故乡，其栽培、食用历史悠久。白萝卜按收获季节可分为春萝卜、秋萝卜和四季萝卜等类型。民间有"冬吃萝卜夏吃姜，一年四季保安康"的说法。

食用性质：味辛，性凉

主要营养成分：蛋白质、碳水化合物、膳食纤维、维生素C、钙、磷、钾、镁

购存技巧

白萝卜以根形圆整、表皮光滑者为优，皮光的往往肉细；挑选分量较重的，以免买到空心萝卜。皮色起油者不仅表明不新鲜，甚至可能是受过冻的，这种白萝卜基本上失去了食用价值。买白萝卜不能贪大，以中型偏小者为佳，其肉质比较紧密、充实，吃起来成粉质、软糯。

白萝卜可埋在阳台前的土壤里、大花盆里，或者放进罐子中保存。

营养功效

白萝卜中含有一种木质素，能使人体自身产生干扰素，提高人体免疫能力，增强巨噬细胞（即吞食细菌等异物的细胞）的活力，抑制癌细胞的生长，对防癌有重要作用。

现代研究发现，白萝卜有很好的食用、药用价值，其所含的热量较少、纤维素较多，吃后易产生饱腹感，有助于减肥。

白萝卜所含的芥子油和膳食纤维可促进胃肠蠕动，有助于体内废物的排出，可降低血脂，软化血管，稳定血压，预防冠心病、动脉硬化、胆石症等疾病。

饮食宜忌

一般人均可食用，但白萝卜为凉性蔬菜，阴盛偏寒体质者、脾胃虚寒者等不宜多食；胃及十二指肠溃疡、慢性胃炎、单纯甲状腺肿、先兆流产、子宫脱垂等患者忌食。

白萝卜不宜与人参、西洋参同食。

白萝卜的维生素C含量极高，对人体健康非常有益，但若与胡萝卜混合，会破坏白萝卜中的维生素C。

青蒜焖白萝卜 + 香菇蒸滑鸡 + 香煎鳕鱼块

营养分析：青蒜含有辣素，具有醒脾气、消积食的作用，还有良好的杀菌、抑菌作用，能有效预防流感、肠炎等疾病。香菇含有双链核糖核酸，能诱导人体产生干扰素，提高人体抗病毒能力。

青蒜焖白萝卜

原料：白萝卜块 500 克，青蒜段 50 克、油豆腐（对切开）50 克、盐、食用油、生抽、味精各适量。

制作方法

1. 锅内下食用油烧热，下入青蒜段、萝卜块炒一会儿，加适量清水，加盖，小火焖 10 分钟。

2. 将油豆腐放入，再焖 5 分钟，用适量生抽、盐、味精调味，出锅装盘即可。

香菇蒸滑鸡

原料：鸡块 500 克，香菇块 20 克，枸杞子 10 克，姜丝、葱丝、酱油、盐、食用油、淀粉、料酒各适量。

制作方法

1. 将姜丝拌入鸡块中，加入盐、酱油、淀粉和料酒，倒入适量食用油，腌渍 30 分钟。

2. 加入香菇块、葱丝、枸杞子，入锅蒸 10 分钟后，再焖 3 分钟即可。

香煎鳕鱼块

原料：鳕鱼 300 克，盐、生抽、红酒、姜汁、蒜汁、黄油各适量。

制作方法

1. 把盐、生抽、红酒、姜汁、蒜汁、黄油拌匀，放入鳕鱼腌 20 分钟，沥水。

2. 把平底锅烧热，涂上黄油，见锅出烟，把腌好的鱼块放进去，正反两面各煎 2 分钟即可。

小贴士：青蒜不可过量食用，否则可能造成肝功能障碍，还会影响视力；消化功能不良者和眼病患者应少食或不食。

牛腩白萝卜汤 + 干锅茶树菇 + 鱼香肉丝

营养分析：白萝卜具有下气、消食、除疾润肺、解毒生津、利尿通便的功效。

牛腩白萝卜汤

原料：牛腩 250 克，白萝卜 400 克，姜、葱、盐各适量。

制作方法

1. 萝卜去皮洗净切片。

2. 牛腩用开水烫过后切片，与白萝卜、姜片一齐放入煲内，加水 800 毫升，煮沸后改小火煲 1.5 小时，然后用盐调味、撒上葱花即可。

干锅茶树菇

原料：茶树菇 400 克，红辣椒 10 克，蒜末、辣椒酱、盐、老抽、味精、香油、蚝油、食用油、香菜各适量。

制作方法

1. 将茶树菇洗净，切段，下入沸水锅余水；红辣椒洗净，切成菱形块。

2. 热锅热油，下入辣椒酱、蚝油炒香，再倒入茶树菇煸炒，掺少量清水，调入盐、老抽、味精，稍煮，接着下入蒜末、红辣椒块炒拌均匀。

3. 最后淋入香油，起锅盛入锅内，点缀上香菜即成。

鱼香肉丝

原料：猪里脊肉 200 克，黑木耳 25 克，葱、姜、泡椒、糖、盐、酱油、醋、料酒、水淀粉、食用油、蒜蓉、鸡精、胡萝卜各适量。

制作方法

1. 黑木耳、胡萝卜、葱、姜洗净切丝；将料酒、醋、水淀粉、鸡精、酱油、泡椒、葱丝、姜丝、糖拌匀成鱼香汁；猪里脊肉切成丝，加入少许水淀粉、盐、食用油搅拌好放 10 分钟。

2. 锅中放入食用油，肉丝倒入锅里翻炒，再加入黑木耳丝、胡萝卜丝炒匀，淋上鱼香汁搅拌即可。

小贴士：若是茶树菇干品，可先用清水快速冲洗 1 次，再入清水中浸泡 35 分钟左右。

胡萝卜

胡萝卜属伞形科，有红、紫红、橘黄、姜黄等品种，可食用的部分是肥嫩的肉质直根。其原产于亚洲西南部，元末传入我国。

食用性质：味甘，性平

主要营养成分：胡萝卜素、钙、磷、铁以及多种维生素

购存技巧

胡萝卜以质细味甜、脆嫩多汁、表皮光滑、形状整齐、心柱小、肉厚、无裂口和无病虫伤害的为佳。优质胡萝卜集中表现为"三红一细"，"三红"是指表皮、肉质(韧皮部)和心柱均呈橘红色；"一细"是指心柱要细。

买回胡萝卜后，先从根茎连接处切掉萝卜缨，但注意别切到肉质，再把经过处理的胡萝卜放入冰箱，以 0 ~ 5℃的温度冷藏，能保证胡萝卜不会再生出新茎。

营养功效

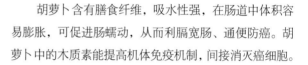

胡萝卜含有膳食纤维，吸水性强，在肠道中体积容易膨胀，可促进肠蠕动，从而利膈宽肠、通便防癌。胡萝卜中的木质素能提高机体免疫机制，间接消灭癌细胞。

胡萝卜含有大量胡萝卜素，有补肝明目的作用，可治疗夜盲症；胡萝卜素可转变成维生素 A，维生素 A 是骨骼正常生长发育的必需物质，有助于增强机体的免疫功能和细胞增殖与生长，对促进婴幼儿的生长发育具有重要意义。

胡萝卜含有降糖物质，是糖尿病患者的良好食品；所含的懈皮素、山标酚能增加冠状动脉血流量、降低血脂、促进肾上腺素的合成，是高血压、冠心病患者的食疗佳品。

饮食宜忌

适宜癌症、高血压、夜盲症、干眼症患者，营养不良、食欲不振、皮肤粗糙者食用。

脾胃虚寒者不适宜食用。

大量摄入胡萝卜素会令人体皮肤的颜色产生变化，变成橙黄色，但停止食用一段时间后又会复原。

橙子胡萝卜汁 + 鸡翅香菇面 + 生炒菜薹

营养分析： 橙子含有大量维生素 C 和胡萝卜素，能软化和保护血管，促进血液循环，降低胆固醇和血脂。鸡翅含有可强健血管及皮肤的胶原蛋白等，对于血管、皮肤及内脏颇具保健效果。

橙子胡萝卜汁

原料： 胡萝卜块 200 克，橙子 2 个（掰瓣），芦笋 100 克，柠檬片 20 克，带糖凉开水、蜂蜜、碎冰各适量。

制作方法

1. 取榨汁机，放入芦笋、胡萝卜块、带糖凉开水，一起榨成汁。

2. 加入橙子、柠檬片、蜂蜜、碎冰，开机搅拌均匀即可。

鸡翅香菇面

原料： 家常切面 200 克，酱鸡中翅 200 克，西芹段 100 克，香菇片、鸡清汤、食用油、葱末、姜末、盐各适量。

制作方法

1. 将切面放入沸水锅煮熟，置碗中。

2. 锅内下食用油烧热，放入葱末、姜末炝锅，加鸡清汤、酱鸡中翅、西芹段、香菇片、盐；煮沸倒入面碗即可。

生炒菜薹

原料： 菜心 1000 克，猪油渣 25 克，蒜末、盐、糖、生抽、料酒各适量。

制作方法

1. 菜心去叶、梗，只取菜薹，洗净，放入沸水锅中余水，捞出，沥水。

2. 锅置火上烧热，下猪油渣，爆香蒜，下菜薹煸炒，加糖、生抽、料酒，入盐调味即可。

小贴士： 胡萝卜与辣椒不宜一起生吃。胡萝卜除含大量胡萝卜素外，还含有维生素 C 分解酶，而辣椒含有丰富的维生素 C。

丁香海带胡萝卜汤＋滑蛋牛肉＋尖椒茄子煲

营养分析：尖椒有温中散寒，开胃消食的功效。

丁香海带胡萝卜汤

原料：核桃仁 30 克，海带 30 克，胡萝卜 1 个，丁香 15 克，大料、桂皮、花椒、食用油、盐各适量。

制作方法

1. 药材分别洗净，一同装入药袋。

2. 海带用水浸泡，洗净后切段；胡萝卜去皮，洗净，切块。

3. 上述材料一同放入沙锅内，加清水适量，大火煮沸后，加适量油，小火煲至胡萝卜、海带熟烂，加盐调味即可。

滑蛋牛肉

原料：牛肉 200 克，鸡蛋 2 个，料酒、淀粉、食用油、酱油、葱、盐、味精各适量。

制作方法

1. 牛肉切片放入碗内，加料酒、盐、味精、酱油反复搅拌，再加入淀粉拌匀；鸡蛋打在大碗内，加入盐和味精搅拌匀透备用。

2. 热锅热油，倒入牛肉片，用铲子迅速搅开，熟后立即捞出。

3. 锅内留油，倒入鸡蛋浆，炒至半熟时，加入牛肉片，再炒至蛋熟透后撒上葱即可。

尖椒茄子煲

原料：茄子 400 克，生菜 200 克，尖椒、食用油、蒜末、料酒、蚝油、水淀粉、酱油、胡椒粉、糖、盐各适量。

制作方法

1. 茄子洗净去蒂，切成粗条；生菜洗净，垫入煲内。

2. 炒锅热油，下入茄子条炸至色泽金黄，放入尖椒，即刻捞出沥干油。

3. 余油倒出，留适量，放入蚝油、蒜末煸炒出香味，倒入料酒、酱油和清水，然后放入茄子、尖椒、糖、盐煮沸，水淀粉勾芡，撒上胡椒粉，盛入煲内即可。

小贴士：核桃仁外面有一层薄皮，略带苦味，煲汤时，可以先用热水浸泡剥皮后再下锅。

黑木耳

黑木耳质地柔软，口感细嫩，味道鲜美，风味特殊，是一种营养丰富的食用菌。因生长于腐木之上，其形似人的耳朵，故名黑木耳。现代营养学家盛赞黑木耳为"素中之荤"。

食用性质： 味甘，性平

主要营养成分： 蛋白质、铁、钙、维生素、粗纤维

购存技巧

在购买黑木耳时应仔细观察其外形、色泽，要选耳片乌黑光润、背面呈灰白色、片大均匀、耳瓣舒展、体轻干燥、半透明、胀性好、无杂质、有清香气味的黑木耳。

保存黑木耳时注意干燥、通风、凉爽，尽量避免阳光直射，避免被重物压住或频繁翻动导致碎裂。

营养功效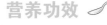

黑木耳中铁的含量极为丰富，故常吃黑木耳能养血驻颜，令人肌肤红润、容光焕发，并可防治缺铁性贫血。黑木耳含有维生素 K，能减少血液凝块，预防血栓症的发生，有防治动脉粥样硬化和冠心病的作用。

黑木耳中的多糖胶质，可把残留在人体消化系统内的灰尘、杂质吸附起来排出体外，从而起到清胃涤肠的作用；还有帮助消化纤维类物质的功能，对无意中吃下的难以消化的头发、谷壳、木渣、沙子、金属屑等异物，有溶解与氧化作用。

黑木耳含有木耳多糖等抗肿瘤活性物质，能增强机体免疫力，经常食用可防癌。黑木耳对胆结石、肾结石等内源性异物也有比较显著的化解作用。

饮食宜忌

适合心脑血管疾病、结石症患者食用，特别适合缺铁人士以及矿工、冶金工人、纺织工人、理发师食用。

有出血性疾病、腹泻的人应不食或少食，孕妇不宜多吃。

葱烧黑木耳 + 桃香韭菜 + 红烧排骨

营养分析：核桃仁含有较多的蛋白质及人体必需的不饱和脂肪酸，是大脑组织细胞代谢的重要物质，能滋养脑细胞、增强脑功能。猪排骨除提供人体生理必需的优质蛋白质、脂肪、维生素外，还含有大量磷酸钙、骨胶原、骨粘连蛋白等，其丰富的钙可维护骨骼健康。

葱烧黑木耳

原料：黑木耳 30 克，大葱 100 克，盐、酱油、淀粉、食用油各适量。

制作方法

1. 黑木耳泡发，放入沸水中余熟；大葱择洗干净，切成细丝。

2. 锅内下食用油烧热，放入葱丝，炒出香味，加入烫好的黑木耳，翻炒几下。

3. 再加入酱油和盐，出锅前用淀粉勾芡。

桃香韭菜

原料：韭菜 400 克，核桃仁、香油、盐、味精、食用油各适量。

制作方法

1. 韭菜洗净，切成段；核桃仁装盘。

2. 锅内下香油烧热，下入核桃仁炒熟待用。

3. 锅内下食用油烧热，下入韭菜段，加盐略炒，待韭菜熟后，倒入核桃仁，加味精调味，出锅装盘即可。

红烧排骨

原料：排骨 400 克，葱、姜、红烧汁、食用油各适量。

制作方法

1. 排骨斩段；葱洗净切末；姜洗净切丝。

2. 锅中放入排骨和冷水，用大火煮沸，捞出后过凉沥干。

3. 锅内下食用油烧热，待油热后放入葱末、姜丝，倒入排骨翻炒后，倒入红烧汁，再倒入水，煮至熟透，汤汁收干即可。

小贴士：排骨余水是为了去除血沫和腥味。

黑木耳炒牛肉 + 陈皮油菜大鸭煲 + 清蒸冬瓜球

营养分析：冬瓜味甘、淡，性凉，具有润肺生津、化痰止渴、利尿消肿、清热祛暑、解毒排脓的功效。

黑木耳炒牛肉

原料：牛肉100克，黑木耳250克，黄瓜、料酒、姜片、葱段、食用油、盐、味精各适量。

制作方法
1. 将黑木耳用温水发透，去杂质，撕成瓣状；黄瓜去皮洗净，切薄片；牛肉洗净切薄片。

2. 炒锅热油，加入姜片、葱段爆香，随即下入牛肉片、料酒炒变色，放入黑木耳、黄瓜、盐，炒至断生，最后撒上味精炒匀即可。

陈皮油菜大鸭煲

原料：鸭800克，油菜320克，老抽、陈皮、味精、盐、糖各适量

制作方法
1. 油菜切长条，洗净；光鸭洗净，涂匀老抽待用。

2. 热锅下油，炒至油菜半熟取出；再爆鸭件，倾下一汤碗清水，入陈皮，调味煲煮至鸭身熟时取起，加入油菜煮着，鸭件放回原煲，返煮片刻即成。

清蒸冬瓜球

原料：冬瓜500克，胡萝卜、盐、香油、高汤、姜丝、味精、酱油、水淀粉各适量。

制作方法
1. 冬瓜去子，靠近瓜瓤处用刀削除，再用挖球器挖出呈球状；将味精、盐、酱油、高汤入碗内调成味料；胡萝卜洗净，切成片。

2. 冬瓜球、姜丝、胡萝卜片一起放入碗中，加味料拌匀，放入烧锅内用大火蒸软。

3. 将汤汁倒出，用水淀粉勾薄芡，再淋入适量香油即可。

小贴士：挑选冬瓜时用指甲掐一下，皮较硬，肉质致密，种子已成熟变成黄褐色的口感好。

芹菜

芹菜为伞形科草本植物芹的茎叶，原产地中海沿岸。据说我国栽培芹菜已有 2000 多年的历史。芹菜有旱芹和水芹两种，具有株肥、脆嫩、渣少等特点。

食用性质： 味甘，性凉

主要营养成分： 蛋白质、钙、磷、铁、胡萝卜素和多种维生素

购存技巧

芹菜以大小整齐，不带老梗、黄叶和泥土，叶柄无锈斑、虫伤，色泽鲜绿或洁白，叶柄充实肥嫩者为佳。挑选芹菜时，掐一下芹菜的茎部，易折断的为嫩芹菜，不易折断的为老芹菜。

将新鲜、整齐的芹菜捆好，用保鲜袋或保鲜膜将茎叶部分包严，然后将芹菜根部朝下竖直放入清水盆中，可保持芹菜一周内不黄不蔫。

营养功效

芹菜含有利尿的有效成分，能消除体内钠潴留，利尿消肿；芹菜中含有酸性的降压成分，有平肝降压的作用；芹菜含铁量较高，能补充妇女经血的损失，是缺铁性贫血患者的佳蔬。

芹菜的叶、茎含有挥发性物质，能增强人的食欲；芹菜汁还有降血糖作用，常食可以中和尿酸及体内的酸性物质，对预防痛风有较好效果。

芹菜是高纤维食物，经肠内消化作用产生一种抗氧化剂，高浓度时可抑制肠内细菌产生的致癌物质，还可以加快粪便在肠内的运转时间，减少致癌物与结肠黏膜的接触，达到预防结肠癌的目的。

饮食宜忌

芹菜特别适宜高血压、动脉硬化、缺铁性贫血患者以及经期妇女食用。

脾胃虚寒、大便溏薄者不宜多食；芹菜有降血压作用，故血压偏低者慎食。

芹菜粥 + 香菇焖肉 + 紫菜煎蛋饼

营养分析：常食芹菜可以中和尿酸及体内的酸性物质，对预防痛风有较好效果。香菇含有维生素 C，能起到降低胆固醇、降血压的作用。

芹菜粥

原料：粳米 100 克，芹菜 150 克，食用油、盐各适量。

制作方法

1. 粳米洗净，加食用油、盐浸泡 30 分钟；芹菜洗净，切粒。

2. 沙锅内加入适量清水，加粳米，大火煮沸，加芹菜粒，转小火熬煮约 1 小时至粥熟，加盐调味即可。

香菇焖肉

原料：猪肉 500 克，香菇 50 克，葱段、生抽、料酒、糖、姜片、大料、盐各适量。

制作方法

1. 猪肉洗净切块；香菇泡软、去蒂，对半切开。

2. 锅内放入葱段、姜片及大料炒香，再加入猪肉块、生抽、料酒翻炒，炒一会儿加少许盐。

3. 加入香菇、糖及适量水，用小火焖煮 1 小时即可。

紫菜煎蛋饼

原料：鸡蛋 6 个，干紫菜、韭菜各 20 克，食用油、姜米、盐、鸡精、胡椒粉各适量。

制作方法

1. 紫菜用清水泡透，捞起沥干水；鸡蛋打散；韭菜洗净，切粒。

2. 鸡蛋液加紫菜、姜米、韭菜粒、盐、鸡精、胡椒粉拌匀。

3. 锅内倒入食用油烧热，下入鸡蛋液，摊成饼形；小火煎熟，铲起切块装盘即可。

小贴士：如果香菇比较干净，则只要用清水冲干净即可。这样可以保存香菇的鲜味。

芹菜炒鱼松 + 蒸瓤茄子 + 苦瓜排骨汤

营养分析：芹菜炒鱼松富含丰富的蛋白质、维生素 A、钙、镁、硒等营养元素，鲮鱼味甘、性平，有健筋骨、益气血的功效。

芹菜炒鱼松

原料：鲮鱼 150 克，芹菜 15 克，姜片、淀粉、食用油、盐各适量。

制作方法

1. 鲮鱼肉剁碎，加盐及少许水搅成鱼胶；芹菜去叶洗净、切短段。

2. 锅内放食用油加热，把鱼胶煎成鱼松，鱼松稍冷，切成长条。

3. 放食用油爆姜片，下芹菜、鱼松炒匀，加盐再炒匀，用淀粉勾薄芡上碟。

蒸瓤茄子

原料：茄子 400 克，猪肉馅、鸡蛋各 40 克，食用油、香油、水淀粉、盐、料酒、酱油、料酒、葱末、姜末、蒜末、鲜汤各适量。

制作方法

1. 茄子去蒂去皮洗净，切成片；猪肉馅加葱末、姜末、盐、酱油、鸡蛋搅匀。

2. 炒锅热油，下入茄片炸约2分钟，见茄片色黄变软，捞出沥油；油炸后的茄片在下，加料后的猪肉馅在上上屉蒸约 10 分钟，蒸熟后，沥汤扣入盘内。

3. 炒锅留底油烧热，下入蒜末炝锅，再加酱油、盐、料酒、鲜汤煮沸后，用水淀粉勾芡，淋入香油，浇在茄子上。

苦瓜排骨汤

原料：苦瓜 500 克，排骨 250 克，黄豆 50 克，蒜、姜、食用油、盐各适量。

制作方法

1. 黄豆用开水浸泡；苦瓜切成粗条；排骨斩开切段。

2. 将排骨放在油锅里炒香，然后放姜再爆香，最后加入苦瓜爆香。

3. 加水煮沸，然后放黄豆，再煮20分钟用盐调味即可。

小贴士：芹菜的叶、茎含有挥发性物质，别具芳香，能增进人的食欲。

莴笋

莴笋原产于地中海沿岸，唐代传入我国，现在我国南北方均产，是春季及秋冬季的主要蔬菜之一。它以肥大的花茎基部供食，茎质脆嫩，水分多，味道鲜美，营养也非常丰富，是大众喜爱的食物。

食用性质：味甘，性凉

主要营养成分：碳水化合物、蛋白质、胡萝卜素、钾、钠

购存技巧

挑选莴笋以笋形粗短条顺、不弯曲；皮薄、质脆、水分充足、笋条不蔫萎、不空心，表面无锈色；不带黄叶、烂叶、不老、不抽薹；整修洁净，基部不带毛根，上部叶片不超过五六片，全棵不带泥土者为佳。

在开水中余烫一下，放在阴凉处或烘干，然后密封起来就可以。也可以切成小条状，放到太阳底下晒干，再用盐腌起来。

营养功效

莴笋味道清新且略带苦味，可刺激消化酶分泌，增进食欲；其乳状浆液可增强胃液、消化腺和胆汁的分泌，从而促进各消化器官的功能，对消化功能减弱和便秘的患者尤其有利。

莴笋的钾含量大大高于钠含量，有利于体内电解质平衡，能促进排尿和乳汁的分泌，对高血压、水肿、心脏病有一定的食疗作用。

莴笋含有多种维生素和矿物质，具有调节神经系统功能的作用，并富含人体可吸收的铁元素，对缺铁性贫血患者十分有利。

饮食宜忌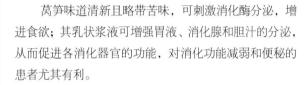

适宜产后缺乳、乳汁不通、小便不通、尿血、水肿、肥胖、高血压、糖尿病患者及饮酒者等食用。

女性月经期间或寒性痛经者忌食；脾胃虚寒、腹泻便溏、有眼疾的人及痛风症患者也忌食。莴笋中的某种物质对视神经有刺激作用，故视力弱者不宜多食，有眼疾特别是夜盲症的人也应少食。

菠萝莴笋 + 豆腐干炒蒜薹 + 滑炒鱼丝

营养分析：菠萝含有一种叫菠萝朊酶的物质，能分解蛋白质，溶解阻塞于组织中的纤维蛋白和血凝块，改善局部的血液循环，消除炎症和水肿。蒜薹中含有丰富的维生素 C，具有降血脂及预防冠心病和动脉硬化的作用，并可防止血栓的形成。

菠萝莴笋

原料：莴笋 500 克，菠萝丁 200 克，糖 100 克，醋 5 毫升，盐、味精各适量。

制作方法

1. 莴笋去叶，削皮，洗净，切片，用开水烫熟，沥干水分，再放盐稍腌片刻，入凉开水中漂洗，沥干水分，盛入盘内。

2. 菠萝丁盛入碗内，放入糖水以及醋、味精拌匀，置冰箱内制成凉菠萝汁。

3. 将菠萝汁浇在莴笋片上即可。

豆腐干炒蒜薹

原料：蒜薹 250 克，豆腐干 200 克，红椒段 10 克，椒盐、味精、食用油各适量。

制作方法

1. 将豆腐干洗净，切成条；将蒜薹洗净，切段。

2. 锅内下食用油烧热，放入蒜薹煸炒至翠绿色时，放入豆腐干翻炒。

3. 加椒盐继续炒，放红椒炒至熟，加味精调味，出锅即可。

滑炒鱼丝

原料：鲮鱼 200 克，葱段、姜片、蒜末、食用油、盐、酱油、醋、香油、红辣椒丝各适量。

制作方法

1. 鲮鱼治净后用水煮 10 分钟，捞出放凉，去骨和刺，撕成碎条。

2. 锅内下食用油烧热，下葱段、姜片、蒜末炝锅，倒入鲮鱼丝，煸炒片刻后加盐、酱油、醋、香油、红辣椒丝，翻炒片刻即可。

小贴士：滑炒鱼丝时如果觉得鲮鱼丝太单调，可以加入香菜、萝卜丝等，菜肉搭配，营养更加全面。

鸡腿菇炒莴笋 + 黄汁烩菠菜 + 玉米淡菜煲排骨

营养分析： 鸡腿菇富含蛋白质、脂肪、膳食纤维、钾、钠、钙及氨基酸等营养成分。

鸡腿菇炒莴笋

原料： 莴笋 100 克，鸡腿菇 150 克，红椒 30 克，姜、葱、盐、味精、蚝油、淀粉各适量。

制作方法

1. 鸡腿菇洗净，切斜刀片；莴笋去皮，洗净切片；红椒去子，洗净切片。

2. 锅内放油烧热，放入姜丝爆香，下鸡腿菇、莴笋、红椒、葱段翻炒；加盐、味精、蚝油炒至入味，用水淀粉勾薄芡即可。

黄汁烩菠菜

原料： 菠菜 500 克，胡萝卜、洋葱、去皮土豆、牛奶蛋黄汁、盐、牛肉汤、胡椒粉、柠檬各适量。

制作方法

1. 菠菜择洗净，余水冲洗后，沥干水，切段；土豆、胡萝卜、洋葱均切小方丁。

2. 烧锅热油，下入胡萝卜丁、洋葱丁翻炒至熟，盛入碗中。

3. 另起锅加入牛肉汤、土豆丁煮至八成熟，加入胡萝卜丁、洋葱丁、盐、胡椒粉，挤入柠檬汁，下入菠菜段，起锅装盘，浇入热牛奶蛋黄汁即可。

玉米淡菜煲排骨

原料： 脊骨 250 克，玉米棒 280 克，淡菜 20 克，胡萝卜 100 克，姜片、盐、味精各适量。

制作方法

1. 脊骨斩成块；玉米棒切成段；淡菜用水泡透、洗净；胡萝卜去皮切块。

2. 锅内烧水至水开后，放入脊骨余去血渍，捞起备用。

3. 用瓦煲一个，加入脊骨、玉米棒、淡菜、胡萝卜、姜片，注入适量清水，用小火煲约 2 小时，然后调入盐、味精即可。

小贴士： 食用菠菜时宜先余水，以减少草酸含量。

百合

百合为百合科百合属植物百合或细叶百合的肉质鳞茎。百合本身汇集了观赏、食用和药用多种价值，全世界百合有 100 多个种类，我国就有 60 多个种类。百合就其生长年限可分为一年生、两年生和多年生。

食用性质：味甘，性平

主要营养成分：蛋白质、脂肪、淀粉、碳水化合物、维生素 B_1、维生素 B_2、维生素 C

购存技巧

选购新鲜的百合应挑选个大的、颜色白、瓣匀、肉质厚、底部凹处泥土少的。如果百合颜色发黄、凹处泥土湿润，可能是已经烂心。干百合则以干燥、无杂质、肉厚且晶莹剔透为佳。

干百合的储存方法：把它放入密封的罐子里，放入冰箱或阴凉干燥处即可。

营养功效

中医认为：百合有润肺止咳、清心安神、补中益气之功能，能治肺痨久咳、咳唾痰血、虚烦、惊悸、神志恍惚、脚气水肿等症。

百合富含钾，有利于加强肌肉兴奋度，促使代谢功能协调，使皮肤富有弹性，减少皱纹。

百合含有丰富的秋水仙碱，可用于痛风发作、关节痛的辅助治疗。秋水仙碱不影响尿酸的排泄，而是通过抑制白细胞的活动及吞噬细胞的作用，减少尿酸盐沉积，起到迅速减轻炎症、有效止痛的作用，对痛风发作所致的急性关节炎症有辅助治疗作用。

百合中含有百合苷，有镇静和催眠的作用。试验证明，每晚睡眠前服用百合汤，有明显改善睡眠作用，可提高睡眠质量。

饮食宜忌

适宜体虚肺弱者、更年期女性、神经衰弱者、睡眠不宁者食用。

风寒咳嗽、脾胃虚寒及大便稀溏者不宜多食。

鲜果炒百合 + 鸡蛋蒸肉丸 + 雪梨猪骨汤

营养分析：百合含有秋水仙碱等多种生物碱，具有良好的营养滋补之功。雪梨具有润肺清心、消痰降火、祛热清暑、生津润燥、治呃逆的功效。

鲜果炒百合

原料：鲜百合 200 克，哈密瓜丁 50 克，火龙果丁 100 克，马蹄丁 30 克，玉米、猪瘦肉丁、盐、淀粉、食用油各适量。

制作方法

1. 锅内下食用油烧热，放猪瘦肉丁炒至八成熟。

2. 放哈密瓜丁、马蹄丁、火龙果丁、玉米、百合快炒，加盐调味，用淀粉勾芡即可。

鸡蛋蒸肉丸

原料：鸡蛋 4 个，猪肉 200 克，香菇末、胡萝卜末各 15 克，料酒、食用油、蚝油、清汤、盐、淀粉各适量。

制作方法

1. 鸡蛋煮熟，一切为二，取出蛋黄；猪肉剁细馅，加盐、料酒、蚝油制成丸子，酿入鸡蛋内，蒸熟。

2. 锅内下食用油烧热，加香菇末、胡萝卜末、盐、清汤煮沸，用淀粉勾芡，将芡汁淋在肉丸上即可。

雪梨猪骨汤

原料：猪脊骨（斩件）300 克，雪梨（切件）500 克，猪瘦肉（斩件）200 克，无花果、川贝各 10 克，老姜、盐、鸡精各 5 克。

制作方法

1. 猪脊骨、猪瘦肉氽水，洗净。

2. 沙锅烧水至水沸，放入猪脊骨、猪瘦肉、雪梨、老姜、无花果、川贝，煲 2 小时，调入盐、鸡精即可。

小贴士：百合要选新鲜的，入锅要快炒，盐要少放。

西芹百合炒腰果 + 菠萝咕噜肉 + 三鲜苦瓜汤

营养分析：百合含有淀粉、蛋白质、脂肪及钙、磷、铁、维生素 B_1、维生素 B_2、维生素 C 等营养素。

西芹百合炒腰果

原料： 百合 50 克，西芹 100 克，胡萝卜 50 克，腰果 50 克，盐适量。

制作方法

1. 百合切去头尾分开数瓣洗净；西芹洗净切丁；胡萝卜洗净切小薄片。

2. 锅内放油，温油小火放入腰果炸至酥脆捞起放凉。

3. 将油倒出一半，剩下的油烧热放入胡萝卜片及西芹丁，大火翻炒约 1 分钟。

4. 再放入百合、盐大火翻炒约 1 分钟即可盛出，撒上放凉的腰果即可。

菠萝咕噜肉

原料： 猪后臀尖肉250克，菠萝 2 片，青椒片、红椒片、鸡蛋各 1 个，水淀粉、料酒、盐、番茄酱、白醋、糖、盐各适量。

制作方法

1. 猪后臀尖肉洗净，切片，用鸡蛋清、料酒腌片刻。

2. 烧锅下油至四成热，逐一放入肉片炸成金黄色后，捞出备用。

3. 改中小火加热，放入番茄酱慢慢炒出红油，调入白醋、糖、盐，做成糖醋调味汁。

4. 画圈淋入水淀粉，加入菠萝拌匀，然后迅速倒入肉片、青椒片、红椒片拌匀即可。

三鲜苦瓜汤

原料： 苦瓜 400 克，水发香菇 100 克，冬笋 100 克，食用油、香油、盐各适量。

制作方法

1. 苦瓜洗净，切开，去瓤，切成厚片；冬笋切薄片；香菇去蒂，切薄片。

2. 锅中加适量清水，大火煮沸，放入苦瓜余水，捞出沥水。

3. 汤锅洗净，置大火上，放食用油烧热，放苦瓜稍炒，加适量清水，煮沸，放冬笋片、香菇片，煮至熟软，加盐调味，淋上香油即可。

小贴士：苦瓜性凉，脾胃虚寒者不宜食用。

西蓝花

西蓝花属十字花科，是甘蓝的又一变种。西蓝花主茎顶端形成肥大花球，表面小花蕾明显，以采集花蕾的嫩茎供食用。西蓝花因其营养丰富、口感绝佳，在《时代周刊》杂志推荐的十大健康食品中排名第四。

食用性质：味甘，性凉

主要营养成分：蛋白质、碳水化合物、脂肪、矿物质、维生素C、胡萝卜素

购存技巧

选购西蓝花以菜株亮丽、花蕾紧密结实的为佳，花球表面无凹凸，整体有隆起感，拿起来没有沉重感。

用纸张或透气膜包住西蓝花（纸张上可喷少量的水），然后直立放入冰箱的冷藏室内，大约可保鲜1周左右。也可将西蓝花撕成小朵，浸泡在盐水中约5分钟，去除菜上的灰尘及虫害，再用水冲洗、沥干，放入沸盐水中烫熟，捞出晾干后可直接烹调或装入保鲜袋、放入冰箱冷冻保存。

营养功效

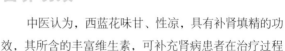

中医认为，西蓝花味甘、性凉，具有补肾填精的功效，其所含的丰富维生素，可补充肾病患者在治疗过程中可能造成缺乏的维生素。

西蓝花含有丰富的维生素C，能增强肝脏的解毒能力，提高机体免疫力。

西蓝花中的维生素K能维护血管的韧性，使其不易破裂。其中含有的类黄酮除了可以防止感染，还是最好的血管清洁剂。

西蓝花的含水量高达90%以上，而热量较低，对于希望减肥的人来说，它既可以填饱肚子，而又不会使人发胖。常吃西蓝花，可促进生长、维持牙齿及骨骼正常功能、保护视力、提高记忆力。西蓝花还可以抗衰老，防止皮肤干燥，是一种很好的美容佳品。

饮食宜忌

久病体虚、肢体痿软、耳鸣健忘、脾胃虚弱、小儿发育迟缓者尤其适宜食用。

红斑狼疮患者忌食。

香菇炒西蓝花 + 海带烧肉 + 焖豆腐

营养分析：西蓝花维生素 C 含量极高，不但有利于人的生长发育，还能提高人体免疫功能，促进肝脏解毒，增强人的体质，增加抗病能力。海带中褐藻酸钠盐有预防白血病和骨痛病的作用，对动脉出血亦有止血作用。

香菇炒西蓝花

原料：西蓝花 450 克，香菇片、食用油、蒜片、盐、胡椒粉各适量。

制作方法

1. 锅内下食用油烧热，下入蒜片炒香，倒入香菇炒 1 分钟，加西蓝花、盐炒翻均匀。

2. 倒入清水适量，盖锅盖，调至中火，焖 5 分钟左右，期间不断翻炒；去掉蒜片，撒上胡椒粉，出锅装盘即可。

海带烧肉

原料：猪五花肉 500 克（块），水发海带片 200 克，食用油、酱油、葱段、盐、料酒、糖、姜片、大料各适量。

制作方法

1. 锅内下食用油烧热，放糖炒成金黄色，放猪五花肉块、大料、葱段及姜片煸炒，待肉块上色时，加入煮好的海带片，放酱油、料酒和盐翻炒。

2. 加水煮沸，转用小火，肉和海带烧至熟烂入味即可。

焖豆腐

原料：豆腐 500 克，食用油 20 毫升，香油 3 毫升，胡椒粉、葱、姜、盐、味精各适量。

制作方法

1. 将豆腐切成小块；葱和姜切丝。

2. 锅内下食用油烧热，先下入葱丝、姜丝煸炒出香味，再倒入豆腐，然后再加盐、水、胡椒粉煮沸。

3. 焖至豆腐入味后，下香油、味精即可。

小贴士：焖豆腐的关键在于需用小火焖。

锡纸焗西蓝花 + 豆泡鸭块 + 清润白菜汤

营养分析： 鸭肉具有大补虚劳、清肺解热、滋阴补血、解毒、消除水肿之功效。

锡纸焗西蓝花

原料： 西蓝花 400 克，盐 8 克，糖 15 克，味精 5 克，鸡精 7 克，食用油、蚝油各 10 毫升，锡纸 1 张。

制作方法

1. 将西蓝花去掉根部，洗净，切碎。

2. 将所有材料都放在锡纸上拌匀，包好，放在炉上烤 5 ～ 7 分钟即可。

豆泡鸭块

原料： 鸭 500 克，豆泡 100 克，葱段、姜片、酱油、糖、料酒、大料各适量。

制作方法

1. 鸭洗净，切块，放入沸水中烫去血水，捞出沥干；豆泡洗净备用。

2. 锅中倒入水，放入鸭块、葱段、姜片及酱油、糖、料酒、大料煮开，转小火煮至鸭肉接近熟烂，再加食用油、豆泡煮至入味，盛入碗中即可。

清润白菜汤

原料： 大白菜 200 克，猪骨 500 克，蜜枣 20 克，葱丝、姜丝、盐、食用油各适量。

制作方法

1. 大白菜切丝；猪骨剁开，余水，去净血污。

2. 油锅内放入葱丝、姜丝，将猪骨爆香。

3. 加入大白菜、蜜枣后加水，煮沸 30 分钟后用盐调味即可。

小贴士： 优质的西蓝花清洁、坚实、紧密，具有"夹克式"的叶子，选购时应注意。

猪肉

猪肉是目前人们餐桌上重要的动物性食品之一。因为猪肉纤维较为细软，结缔组织较少，含有较多的肌间脂肪，经过烹调加工后肉味鲜美。

食用性质：味甘、咸，性平
主要营养成分：蛋白质、脂肪、碳水化合物、钙、磷、铁

购存技巧

优质的猪肉，脂肪白而硬，且带有香味，肉的外面往往有一层稍带干燥的膜，肉质紧密，富有弹性，手指压后凹陷处立即复原。次质猪肉色较暗，缺乏光泽，脂肪呈灰白色，表面带有黏性，稍有酸败霉味，肉质松软，弹性小，轻压后凹处不能及时复原。

买回的猪肉先用水洗净，然后分割成小块，分别装入保鲜袋，再放入冰箱冷冻保存，或者先冷冻一会，等冻结后再分开放，这样比较不容易粘在一起。

营养功效

中医认为，猪肉味甘咸、性平，具有补肾养血、滋阴润燥的功效，主治热病伤津、消渴羸瘦、肾虚体弱、产后血虚、燥咳、便秘等症，可补虚、滋阴、润燥、滋肝阴、润肌肤、利二便、止消渴。

猪肉可提供血红素（有机铁）和促进铁吸收的半胱氨酸，能改善缺铁性贫血。

猪肉是维生素的主要膳食来源，猪肉中维生素 B_1 的含量特别丰富，还含有较多的对脂肪合成和分解有重要作用的维生素 B_2。

饮食宜忌

一般人都可食用，产后血虚、B族维生素缺乏、缺铁性贫血者可多吃。

湿热痰滞内蕴者慎服；肥胖、血脂较高者不宜多食。

平菇炒肉 + 金沙西洋菜 + 花生莲藕排骨汤

营养分析：平菇味甘、性温，具有追风散寒、舒筋活络之功效。西洋菜营养素含量极其丰富，尤其钙、铁等元素含量甚高，同时，富含维生素A、维生素C、B族维生素和蛋白质，而且热量低、脂肪少，常食有降血压、益肝、清热凉血、利尿、防止便秘等功效。

平菇炒肉

原料：猪肉片300克，平菇200克，盐、生抽、淀粉、食用油、姜末、葱花、蒜末各适量。

制作方法

1. 猪肉片加食用油、盐、生抽、淀粉搅拌均匀，腌20分钟；再下锅炒至七八成熟。

2. 锅内下食用油烧热，爆香姜末、蒜末，下平菇爆炒片刻，加入肉片一起翻炒，再加入盐、生抽翻炒均匀，撒葱花即可。

金沙西洋菜

原料：西洋菜250克，咸蛋黄、盐、白糖、食用油各适量。

制作方法

1. 锅里烧开水，下食用油、西洋菜，氽熟西洋菜，捞起待用。

2. 将咸蛋黄捣碎，加入适量水，加入盐、白糖，煮沸后倒入西洋菜中即可。

花生莲藕排骨汤

原料：花生200克，莲藕块400克，猪排骨块600克，姜片、盐各适量。

制作方法

1. 将猪排骨汆去血渍，倒出，用温水洗净。

2. 沙锅内放适量清水，放入猪排骨、花生、莲藕、姜片，大火煮沸，转小火煲2小时，调入盐，即可。

小贴士：藕忌用铁锅烹煮，以免引起食物发黑，宜选用沙锅。

清蒸酥肉 + 番茄炒鸡蛋 + 玉米青豆羹

营养分析： 番茄具有清热生津，养阴凉血，生津止渴，健脾消食之功效。

清蒸酥肉

原料： 去皮五花肉250克，鸡蛋2个，淀粉、盐、花椒粉、料酒、食用油各适量。

制作方法

1. 将去皮五花肉切片，拌入花椒粉、料酒码匀入味，再拌入鸡蛋液、淀粉，调匀上浆。

2. 锅内烧油，五成热时，逐一将裹上鸡蛋液和淀粉的肉片投入锅内，油炸至浅黄色捞出，码入碗内，加入调味汁上笼，蒸至熟软出笼。

3. 净锅入蒸酥肉原汁，加盐调味，勾薄芡上桌即可。

番茄炒鸡蛋

原料： 番茄150克，鸡蛋4个，小葱40克，食用油、盐、胡椒各适量。

制作方法

1. 每个番茄洗净切6小块；小葱洗净切成段；蛋液中加少许盐搅匀备用。

2. 将蛋液倒入锅中，以大火炒至蛋半熟时加入葱段，略炒后起锅。

3. 将番茄放入热油锅快炒，盖锅焖片刻，加入炒蛋，以盐、胡椒调味。

玉米青豆羹

原料： 鲜嫩玉米400克，菠萝、青豆各25克，枸杞子、冰糖、淀粉、味精、盐、胡椒粉各适量。

制作方法

1. 将玉米洗一遍，放入适量的沸水，蒸1小时取出；菠萝切同玉米大小的颗粒；枸杞子用水泡发。

2. 烧热锅，加水和冰糖煮沸溶化，过箩筛，将糖水再倒入锅内。

3. 放入玉米、枸杞子、菠萝、青豆煮沸，用水淀粉勾芡，用盐、胡椒粉、味精调味即可。

小贴士： 炸酥肉时油温不宜过高，应注意控制锅中油温。

猪肚

猪肚猪的胃，可以烹调出各种美食。且具有调治虚劳羸弱、泄泻、下痢、消渴、小便频繁、小儿疳积等疾患的功效。

食用性质：味甘，性温

主要营养成分：蛋白质、脂肪、碳水化合物、维生素、钙、磷、铁

购存技巧

新鲜的猪肚富有弹性和光泽，白色中略带浅黄色，黏液多，质地坚而厚实；不新鲜的猪肚白中带青，无弹性和光泽，黏液少，肉质松软，如将肚翻开，内部有硬的小疙瘩，不宜选购。

新鲜的猪肚不宜长期保存，最好尽快食完。如需长期保存猪肚，需要把猪肚刮洗干净，放入清水锅内煮至近熟，捞出用冷水过凉，控去水分，切成条块，用保鲜袋包裹成小包装，放入冰箱内冷冻保存即可。

营养功效

猪肚含有蛋白质、脂肪、碳水化合物、维生素、钙、磷、铁等营养成分，具有补虚损、健脾胃、治泄泻、治下痢、除消渴、治小儿疳积的功效，可用于辅助治疗胃寒、心腹冷痛、消化不良、吐清口水、十二指肠溃疡等症。《日华子》里说猪肚"主补虚损。血脉不行，皆取其补益脾胃，则精血自生，虚劳自愈，根本固而后五脏皆安也。"

饮食宜忌

猪肚适宜脾胃虚弱、食欲不振、泄泻下痢、虚劳瘦弱、中气不足、气虚下陷、体虚、小便颇多、小儿疳积者食用。

高脂血症患者忌食。

青椒炒猪肚 + 香干拌芹菜 + 哈密瓜百合瘦肉汤

营养分析： 芹菜含有碱性成分，对人体能起安神的作用，有利于安定情绪，消除烦躁。哈密瓜味甘、性寒，具有疗饥、利便、益气、清肺热、止咳的功效，对人体造血机能有显著的促进作用，可以用作贫血的食疗用品。

青椒炒猪肚

原料： 猪肚丝 250 克，青椒丝 200 克，香油、淀粉、芝麻、酱油、盐、食用油、鸡汤各适量。

制作方法

1. 将酱油、淀粉、鸡汤勾兑成芡汁；猪肚丝用盐、酱油、淀粉搅拌腌制。

2. 锅内下食用油烧热，下青椒丝煸炒，放香油，盛出；入猪肚煸炒几下，倒入青椒丝，调入芡汁翻炒，撒上芝麻即可。

香干拌芹菜

原料： 芹菜段 250 克，豆腐干丝 150 克，辣椒丝 10 克，生抽、糖、醋、香油各适量。

制作方法

1. 将豆腐干丝、芹菜段汆水片刻，捞出，立即浸入凉开水中。

2. 芹菜段和豆腐干丝放凉，盛在盘中，加辣椒丝、生抽、糖、醋搅拌均匀，放入冰箱冷藏 2 小时，食用时取出，淋上香油即可。

哈密瓜百合瘦肉汤

原料： 哈密瓜块 200 克，猪瘦肉块 300 克，百合 100 克，姜片、盐、鸡精各适量。

制作方法

1. 猪瘦肉汆去表面血渍，倒出，洗净。

2. 用沙锅装适量清水，大火煮沸后，放入猪瘦肉、哈密瓜、百合、姜片，转用小火煲 2 小时，加盐、鸡精调味即可。

小贴士： 百合为药食兼优的滋补佳品，四季皆可食用，更宜于秋季食用。

清拌猪肚 + 辣椒芋丝 + 萝卜炖鲤鱼

营养分析：魔芋含大量维生素、植物纤维及黏液蛋清等成分，能促进胃肠蠕动，润肠通便，防止便秘和减少肠对脂肪的吸收，并能减少体内胆固醇的积累，能防治肥胖，延年益寿。

清拌猪肚

原料：猪肚1副，葱丝、红辣椒丝、姜丝、香菜、盐、松肉粉、鸡精、鲜露、蚝油、香油、辣椒油各适量。

制作方法

1. 用盐反复揉搓猪肚，洗干净后，用松肉粉腌制4小时。

2. 猪肚下入沸水中煮至熟烂，过冰水投凉，切成丝备用；香菜洗净切段。

3. 将香菜段、葱丝、红辣椒丝、姜丝、猪肚丝加盐、鸡精、鲜露、蚝油、香油、辣椒油拌匀即可。

辣椒芋丝

原料：魔芋450克，红辣椒、花椒、盐、鲜汤、食用油各适量。

制作方法

1. 红辣椒洗净，切圈；魔芋洗净，切成丝，入沸水锅余去碱涩味，捞出沥干水分。

2. 炒锅热油，下入花椒炒香，加魔芋丝、盐，用中火慢炒片刻。

3. 加鲜汤炒至入味，待汁水将干时加入红辣椒圈，出锅装盘即可。

萝卜炖鲤鱼

原料：鲤鱼600克，萝卜400克，姜丝、葱段、蒜片、酱油、料酒、食用油、高汤、胡椒粉、糖、盐、香油各适量。

制作方法

1. 将鲤鱼宰净，放入盐、料酒、酱油和胡椒粉腌制入味后，放油锅中煎透；萝卜切成厚片。

2. 取炖锅一只，将萝卜片放入锅的底部，鲤鱼放在萝卜片上。

3. 炒锅热油，爆香葱段、姜丝和蒜片，加入高汤、糖和盐煮沸，倒入炖锅内，将炖锅置于大火上煮沸后，改用小火炖至鲤鱼熟透，调味，淋上香油即成。

小贴士：消化不良者不宜过多食用魔芋。

猪血

猪血为猪科动物猪的血，营养十分丰富，素有"液态肉"之称。其中含铁量较高，且容易被人体吸收利用，是理想的补血佳品。

食用性质：味咸，性平

主要营养成分：维生素 K、维生素 B₂、维生素 C、蛋白质、铁、磷、钙

购存技巧

猪血以色正新鲜、无夹杂猪毛和杂质、质地柔软、非病猪之血为优。

猪血可放入盐水中，再放到冰箱保存，但不宜保存过久。

营养功效

猪血含有维生素 K，能促使血液凝固，有止血作用，而且可以使损伤的肝脏血管得到修复和加固，维护肝脏"肝藏血"的功能。

猪血含铁量较高，而且以血红素铁的形式存在，容易被人体吸收利用，处于生长发育阶段的儿童和孕妇或哺乳期妇女多吃些有猪血的菜肴，可以防治缺铁性贫血症。

猪血中含有的钴是防止人体内恶性肿瘤生长的重要微量元素。

猪血中的蛋白质经胃酸分解后，可产生一种消毒及润肠的物质，能与进入人体内的粉尘和有害金属微粒起生化反应，并通过排泄方式将这些有害物排出体外，堪称人体污物的"清道夫"。

饮食宜忌

适宜老人、妇女及从事粉尘、纺织、环卫、采掘等工作的劳动者食用；适宜贫血患者、血虚眩晕、腹胀嘈杂者食用。

高胆固醇血症、高血压、冠心病患者应少食，上消化道出血患者忌食。猪血不宜与黄豆同食，否则会引起消化不良；忌与海带同食，以防导致便秘。

薏米猪血粥 + 清蒸鱼丸 + 三丝炒绿豆芽

营养分析：绿豆芽含有丰富的维生素C，可以治疗维生素C缺乏症。绿豆芽热量很低，而水分和膳食纤维含量很高，常食可以达到减肥的目的。

薏米猪血粥

原料：大米100克，薏米50克，猪血丁300克，料酒、葱花、姜丝、盐各适量。

制作方法

1. 大米洗净，浸泡30分钟；薏米洗净，泡片刻。

2. 沙锅内加清水煮沸，加大米、姜丝大火煮沸，转小火煮20分钟，加薏米煮至米粒熟烂，加猪血丁煮熟，加料酒，加盐和葱花调味即可。

清蒸鱼丸

原料：鱼肉100克，洋葱末30克，鸡蛋50克，藕粉、盐各适量。

制作方法

1. 将鱼肉洗净，去刺；在鸡蛋两边各敲个小洞，倒出鸡蛋清，留鸡蛋黄待用。

2. 鱼肉切成适当大小，加藕粉、鸡蛋黄、洋葱、盐，放入搅拌器搅拌均匀。

3. 把拌好的材料用勺子攒成球状，放进锅内蒸10分钟即可。

三丝炒绿豆芽

原料：绿豆芽400克，胡萝卜丝50克，韭菜段50克，黑木耳丝30克，盐、味精、食用油、蒜蓉各适量。

制作方法

1. 锅内下食用油烧热，下入绿豆芽，加盐快速翻炒。

2. 倒入韭菜、胡萝卜丝、黑木耳丝一起炒，待熟时，加蒜蓉、味精调味炒匀，出锅装盘即可。

小贴士：生的鱼去鱼刺比较困难，所以做鱼丸时要选用刺比较少的鱼肉。

炒猪血块 + 清烹里脊 + 白菜丸子汤

营养分析: 猪里脊肉含有优质蛋白、脂肪、维生素等,具有补虚强身的作用。

炒猪血块

原料: 猪血 300 克,青椒 100 克,冬笋 25 克,葱、姜末、食用油、酱油、料酒、花椒水、水淀粉、盐各适量。

制作方法

1. 把猪血块放入沸水锅内烫透捞出,沥净水分备用;青椒洗净切成小块;冬笋切成菱形片。

2. 锅放食用油烧至六成热,放入青椒块煸炒片刻,取出备用。

3. 原锅放食用油,复置火上烧热,放葱、姜末炝锅,放入猪血块、冬笋片、酱油、盐、料酒、花椒水和汤煮沸,用水淀粉勾芡,倒入炒好的青椒块,颠锅使芡汁均匀地裹在主料上即可。

清烹里脊

原料: 猪里脊肉 200 克,食用油、酱油、料酒、醋、盐、味精、清汤、葱、姜、蒜、面粉各适量。

制作方法

1. 猪里脊肉切成条,蘸一层面粉,下入六成热油中,炸至表皮稍硬时捞出,待油温升高时再放入,炸至呈金黄色时捞出。

2. 碗中放入盐、醋、味精、清汤兑成料汁。

3. 烧锅下食用油,用葱、姜、蒜炝锅,烹料酒,放入里脊条,泼入料汁,拌匀即可。

白菜丸子汤

原料: 小白菜 500 克,猪肉 100 克,细粉丝 50 克,鸡蛋清 1 个,料酒、葱末、高汤、胡椒粉、味精、盐各适量。

制作方法

1. 小白菜洗净切开,在热油锅中略炒盛出;猪肉剁成肉馅。

2. 将肉馅加适量葱末、姜末、鸡蛋清、盐、味精搅匀,用手挤成小丸子,下入开水锅中余熟取出。

3. 汤锅置火上,下入高汤、胡椒粉、盐、味精、料酒,开锅后下入丸子、小白菜和细粉丝,汤开起锅,盛入汤碗中即成。

小贴士: 炒、熬小白菜的时间不宜过长,以免损失营养。

牛肉

牛肉是人类的第二大肉类食品，仅次于猪肉。它富含蛋白质，而含脂肪量较低，味道鲜美，享有"肉中骄子"的美称，深受人们喜爱。根据来自牛身体的不同部位，有各种称呼，例如西冷、丁骨、牛柳、肉眼等。

食用性质: 味甘，性平

主要营养成分: 肌氨酸、肉毒碱、钾、蛋白质、锌、镁、丙胺酸、维生素B_6、维生素B_{12}

购存技巧

分辨牛肉是否新鲜很简单。凡色泽鲜红而有光泽，肉纹幼细，肉质与脂肪坚实，无松弛之状，用尖刀插进肉内拔出时感到有弹性，肉上的刀口随之紧缩的，就是新鲜的牛肉。如发觉色泽呈现紫红色的，那就是变质的牛肉。

鲜牛肉虽经得住长期保存，但要注意，不要清洗，并按每顿食用量分割成小块，装保鲜袋，存入冰柜或冰箱冷冻室。

营养功效

牛肉富含蛋白质，100 克牛肉中含蛋白质 20.1%，比猪肉和羊肉在同等重量下所含蛋白质的比例都高，而且牛肉中脂肪和胆固醇含量都较低，非常适宜患有冠心病或其他心血管疾病的患者食用。

牛肉氨基酸组成比猪肉更接近人体需要，能提高机体抗病能力，在补充失血、修复组织等方面特别适宜。寒冬食牛肉可暖胃，是该季节的补益佳品。

牛肉有补中益气、滋养脾胃、强健筋骨、化痰息风、止渴止涎之功效。

水牛肉能安胎补神，黄牛肉能安中益气、健脾养胃、强筋壮骨。

饮食宜忌

适宜于正在生长发育者、术后、病后、中气下隐、气短体虚、筋骨酸软、贫血者食用。

感染性疾病、肝病、肾病患者慎食。黄牛肉为发物，患疮疥湿疹、瘙痒者慎服。

芹菜牛肉 + 萝卜蒸菜 + 黑豆鱼尾汤

营养分析：芹菜是高纤维食物，经肠内消化作用产生抗氧化剂，常吃芹菜，尤其是吃芹菜叶，对预防高血压、动脉硬化等都十分有益，并有辅助治疗作用。大米粉含有蛋白质、碳水化合物、维生素 B_1、铁、磷、钾等，具有补中益气、健脾养胃的功效。

芹菜牛肉

原料：嫩牛肉片 300 克，芹菜片 150 克；A 料（小苏打、酱油、胡椒粉、水淀粉、料酒、姜末、水各适量）；B 料（料酒、糖、葱段、姜片、食用油、酱油、味精、水、淀粉各适量）。

制作方法

1. 牛肉片加 A 料腌 10 分钟，加酱油，再腌 1 小时。

2. 锅内下食用油烧热，放牛肉片，用勺拌和，肉色变白时捞出沥油。

3. 锅内留油复上火，放 B 料煮沸，放牛肉片、芹菜片，拌均匀即可。

萝卜蒸菜

原料：萝卜 500 克，大米粉 50 克，酱油、香油、葱末、盐、姜、味精各适量。

制作方法

1. 萝卜去皮，洗净，切丝；大米粉、姜、盐和萝卜丝一起放在碗中拌匀。

2. 拌好的萝卜丝放进锅内蒸 15 分钟。

3. 萝卜从锅中取出后，加入葱末、酱油、香油、味精调匀即可。

黑豆鱼尾汤

原料：黑豆 50 克，鱼尾 500 克，姜、盐、鸡精各适量

制作方法

1. 鱼尾洗净，姜去皮切片。

2. 沙锅放黑豆、鱼尾、姜片，加水煮开，小火煲 2 小时。

3. 加盐、鸡精调味即可。

小贴士：萝卜蒸菜，米粉一定要和萝卜丝拌匀，以免蒸制时影响食物美观和效果。

土豆焖牛肉 + 香炸胡萝卜丸子 + 蚌肉冬瓜汤

营养分析： 冬瓜含丙醇二酸，能抑制糖类转为脂肪，可防治人体发胖，通利小便、清热解暑。

土豆焖牛肉

原料： 牛肉 500 克，土豆 300 克，胡萝卜 200 克，青辣椒、红辣椒、味精、葱、姜、蒜、桂皮、干辣椒、料酒、生抽、老抽、食用油、香油、香叶、小茴香、豆瓣酱、糖各适量。

制作方法

1. 牛肉切方块；土豆、胡萝卜、青辣椒、红辣椒均洗净切滚刀块。

2. 牛肉汆水，然后和热水一起下锅，加葱、姜、蒜、干辣椒、香叶、小茴香、桂皮和红辣椒；煮开后加入料酒、生抽、老抽、豆瓣酱、糖、食用油，用小火焖 40 分钟。

3. 加入土豆、胡萝卜、青椒继续用小火焖 20 分钟，调味出锅即可。

香炸胡萝卜丸子

原料： 胡萝卜 500 克，土豆 100 克，鸡蛋、面粉、淀粉、大葱丝、姜、盐、味精、胡椒粉、食用油、椒盐各适量。

制作方法

1. 土豆去皮洗净，切成细丝，用冷水浸泡 2 小时；胡萝卜洗净，切成细丝，用开水烫过，加土豆丝、大葱丝、鸡蛋、面粉、淀粉、盐、味精、少许胡椒粉调匀成馅，做成丸子。

2. 锅内加油烧热，把丸子放入油中炸熟，呈金红色时捞出，摆盘即可，蘸椒盐同食。

蚌肉冬瓜汤

原料： 冬瓜 500 克，河蚌肉 250 克，料酒、葱花、姜、盐、味精、猪油各适量。

制作方法

1. 蚌肉洗净加适量姜汁待用。

2. 冬瓜去皮去瓤，切成片。

3. 炒锅内放入蚌肉、冬瓜，烹入料酒，煮沸 20 分钟，加姜、盐、味精调味，撒上葱花，淋上猪油即可。

小贴士： 不要食用未熟透的贝类，以免传染上肝炎等疾病。

鸡肉肉质细嫩，滋味鲜美，富有营养，有滋补养身的作用。鸡肉不但适于热炒、炖汤，而且是比较适合冷食凉拌的肉类。

食用性质：味甘，性温

主要营养成分：维生素C、维生素E、蛋白质、胆甾醇、钙、磷、铁

购存技巧

新鲜的鸡肉肉质紧密排列、颜色呈粉红色而有光泽，皮呈米色、有光泽和张力，毛囊突出。不要挑选肉和皮的表面比较干的，或者含水较多、脂肪稀松的鸡肉。

鸡肉在肉类食品中是比较容易变质的，所以在购买之后要马上放进冰箱冷藏，但保存时间不宜太长，要尽快食用。

营养功效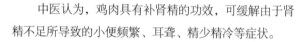

中医认为，鸡肉具有补肾精的功效，可缓解由于肾精不足所导致的小便频繁、耳聋、精少精冷等症状。

鸡肉和猪肉、牛肉比较，其蛋白质含量较高，脂肪含量较低。此外，鸡肉蛋白质中富含人体必需的氨基酸，为优质蛋白质的来源。

鸡肉具有抗氧化作用。在改善心脑功能、促进儿童智力发育方面，更是有较好的作用。

饮食宜忌

一般人群均可食用，老人、病人、体弱者更宜食用。

感冒发热、内火偏旺、痰湿偏重者忌食；肥胖症、高血压、胆囊炎、胆石症患者忌食；动脉硬化、冠心病和高脂血症患者忌饮鸡汤。

海带炒鸡丝 + 糖醋藕片 + 莴笋炒豆腐

营养分析：海带含碘量极高，而碘是体内合成甲状腺素的主要原料，常食可令头发润泽乌黑。莲藕中含有黏液蛋白和膳食纤维，能与食物中的胆固醇及甘油三酯结合，使其从粪便中排出，从而减少脂类的吸收。

海带炒鸡丝

原料：鸡脯肉丝 100 克，海带丝 150 克，辣椒丝 10 克，姜丝、韭菜段、食用油、盐、味精、糖、淀粉、熟鸡油各适量。

制作方法

1. 鸡脯肉丝加盐、味精、淀粉腌渍。

2. 锅内下食用油烧热，投入鸡丝，炒至八成熟倒出，沥油。

3. 下入姜丝、韭菜段、辣椒丝、海带丝翻炒，放鸡丝、盐、味精、糖炒至入味，用淀粉勾芡，淋熟鸡油即可。

糖醋藕片

原料：莲藕 400 克，糖、醋、味精、食用油、盐各适量。

制作方法

1. 莲藕去皮切薄片，浸入清水中。

2. 锅中放适量清水煮沸，放入藕片，余烫 1 分钟，捞出藕片放入凉水中过凉，沥干水分。

3. 锅内下食用油烧热，下入藕片翻炒，加糖、醋、味精、盐继续炒熟，出锅装盘即可。

莴笋炒豆腐

原料：豆腐 500 克，莴笋 150 克，姜 15 克，盐 3 克，味精 1 克，食用油适量。

制作方法

1. 莴笋去皮切成 4 厘米长的片；豆腐切成 1 厘米厚的块；姜切末。

2. 锅内倒食用油加热，放姜末爆炒出香味后，加半碗水，放入莴笋片，立即加盖，焖 2 分钟。

3. 放入豆腐，调入味精、盐，轻轻翻炒几下，铲起装盘即可。

小贴士：莲藕余烫时加少量的醋，可使其保持原色。余烫时间不宜过长，以免失去清脆的口感。

鸡肉炒藕丝 + 豆瓣豆腐 + 三鲜鱿鱼汤

营养分析：莲藕中含有维生素和微量元素，尤其是维生素 K、维生素 C、铁和钾的含量较高，有强健胃粘膜、改善肠胃的功效。

鸡肉炒藕丝

原料：鸡肉 100 克，莲藕 200 克，干辣椒 1 克，酱油、糖、盐、食用油、香菜各适量。

制作方法

1. 鸡肉、干辣椒、莲藕分别切丝。

2. 起锅放食用油，烧热后放入干辣椒丝炒出香味，放鸡肉丝煸炒。

3. 炒至收干时下入藕丝。

4. 炒透后加酱油、糖、盐调味，盛出装盘，加香菜点缀即可。

豆瓣豆腐

原料：豆腐 350 克，蚝油 15 毫升，豆瓣辣酱 15 克，水淀粉、葱、蒜、姜各适量。

制作方法

1. 姜、蒜洗净后分别切末；豆腐切小丁；葱洗净切葱花。

2. 起锅倒入食用油，烧热后倒入蚝油、豆瓣辣酱、姜末、蒜末炒香。

3. 下入豆腐略炒，加水，盖住锅盖焖 3 分钟，用水淀粉勾芡，撒下葱花即可。

三鲜鱿鱼汤

原料：鱿鱼 150 克，猪里脊肉 50 克，菜心 100 克，葱、姜各 5 克，食用油、清汤、料酒、胡椒粉、盐、味精、碱水各适量。

制作方法

1. 鱿鱼用碱水泡发 30 分钟，洗净后切片。

2. 菜心洗净；猪里脊肉切片；葱洗净切片；姜洗净切片。

3. 炒锅置大火上，加食用油，放入葱、姜煸炒出香味，然后加汤、鱿鱼片、肉片、料酒、盐，烧开后撇去浮沫，再加菜心、味精、胡椒粉，待煮沸后即可起锅。

小贴士：脾胃消化功能低下，大便溏泄者不宜生吃莲藕。

鸭肉

鸭肉是一种美味佳肴，适于滋补，是多种美味名菜的主要原料。人们常言"鸡鸭鱼肉"四大荤，其中鸭肉蛋白质含量比畜肉含量高得多，脂肪含量适中且分布较均匀，是人们进补的优良食品。

食用性质： 味甘、咸，性寒

主要营养成分： 蛋白质、脂肪、钙、磷、铁、烟酸、维生素 B_1、维生素 B_2

购存技巧

鸭的体表光滑，呈乳白色，切开后切面呈玫瑰色，表明是优质鸭；如果鸭皮表面渗出轻微油脂，可以看到浅红或浅黄颜色，内切面为暗红色，则表明鸭的质量较差。

没有处理过的鸭，如果放在冷冻库中，大约可存放一星期；如果是已经烫熟过的全鸭，食用之前用保鲜膜包好，放入冰箱冷藏，则可保持 3~4 天。

营养功效

中医认为，鸭肉性寒、味甘，可大补虚劳、滋五脏之阴、清虚劳之热、补血行水、养胃生津、止咳自惊、清热健脾、虚弱浮肿，对调治身体虚弱、病后体虚、营养不良性水肿、慢性肾炎浮肿有一定疗效。

鸭肉所含 B 族维生素和维生素 E 较其他肉类多，能有效抵抗脚气病、神经炎和多种炎症，还能抗衰老。

鸭肉中含有较为丰富的烟酸，是构成人体内两种重要辅酶的成分之一，对心肌梗死等心脏疾病患者有保护作用。

饮食宜忌

适用于体内有热、上火者食用；发低热、体质虚弱、食欲不振、大便干燥和水肿者，食之更佳。同时适宜营养不良、盗汗、遗精、咽干口渴、糖尿病、肝硬化腹水、肺结核、慢性肾炎水肿者食用。

素体虚寒和受凉引起的不思饮食、胃部冷痛、腹泻清稀、腰痛及寒性痛经，以及肥胖、动脉硬化、慢性肠炎患者应少食。

白菜炒鸭片 + 酸菜藕片 + 玉米清汤

营养分析：鸭肉富含 B 族维生素和维生素 E，具有清热健脾、养胃生津的功效。玉米性平，味甘、淡，具有益肺宁心、健脾开胃、利水通淋等功效。

白菜炒鸭片

原料：大白菜片 200 克，鸭肉片 200 克，姜片 10 克，蒜片 10 克，料酒、食用油、淀粉、盐、熟鸡油各适量。

制作方法

1. 鸭肉片用料酒腌好；炒锅热油，下入鸭肉片烧至八成熟时倒出。

2. 锅内留油，入姜片、蒜片、大白菜片，再加入鸭肉片，调入盐炒透，下入淀粉勾芡，淋熟鸡油翻炒即可。

酸菜藕片

原料：嫩莲藕 400 克，酸菜 100 克，食用油、盐、鸡精、葱末、姜末各适量。

制作方法

1. 将莲藕去节、削皮洗净，切成小片；将酸菜浸泡干净，切成酸菜末。

2. 锅内下食用油烧热，爆香葱、姜末，倒入酸菜末，炒 3 分钟。

3. 下藕片同炒，加入鸡精、盐和适量水翻炒均匀，藕片熟后调味出锅即可。

玉米清汤

原料：甜玉米 400 克，黄豆芽 100 克，胡萝卜 200 克，盐、味精各适量。

制作方法

1. 将甜玉米去衣，斩段，洗净；胡萝卜洗净，切块；黄豆芽洗净。

2. 锅内放适量清水，放甜玉米煮沸，放胡萝卜，煮沸。

3. 加黄豆芽，小火煮 20 分钟，调入盐、味精、糖调味即可。

小贴士：煲玉米清汤，玉米用小火久熬，味道才会进入到汤中。

芽姜炒鸭片 + 剁椒蒸香干 + 绿豆萝卜炖排骨

营养分析：绿豆萝卜炖排骨具有清热、化痰、止咳的功效。

芽姜炒鸭片

原料：鸭肉片 300 克，姜片、冬笋片、鲜香菇片、鸡蛋、葱白片、料酒、白酱油、味精、淀粉、食用油、上汤各适量。

制作方法

1. 将鸭肉片放在碗里，加入蛋清和淀粉抓匀；白酱油、味精、料酒、上汤和水淀粉调匀成卤汁。

2. 热锅热油，将挂匀蛋清糊的鸭肉片下锅用筷子拨散，炸至白色时倒进漏勺沥油。

3. 锅留余油，下姜片用中火煸一下，再入冬笋片、葱白片、香菇片、鸭片稍炒，倒下卤汁翻炒即成。

剁椒蒸香干

原料：香干 250 克，剁椒、食用油、姜丝、葱花、盐、鸡精、香油各适量。

制作方法

1. 香干切成长条。

2. 起锅热油，下入香干，双面略煎至切口变成淡黄色时盛盘，撒入剁椒，加盐、鸡精拌匀，铺上姜丝，淋香油。

3. 将香干放入蒸锅中，隔水大火蒸 20 分钟，出锅后撒上葱花即可。

绿豆萝卜炖排骨

原料：排骨 200 克，绿豆 50 克，白萝卜 200 克，猪油、盐各适量。

制作方法

1. 绿豆淘洗净，以温水泡发；白萝卜去皮切片；排骨斩成件。

2. 将排骨、萝卜、绿豆放入锅中，加水烧滚，倒入炖盅内。

3. 将炖盅放入蒸锅内炖约 1.5 个小时，取出，加入盐、味精调味即可。

小贴士：服用人参、西洋参时不要吃萝卜，以免破坏药效，起不到补益作用。

鸡蛋又名鸡卵、鸡子，是母鸡所产的卵，其外有一层硬壳，内则有气室、卵白及卵黄部分。鸡蛋富含各类营养，是人类常食用的食品之一。

食用性质：味甘，性平

主要营养成分：蛋白质、脂肪、卵黄素、卵磷脂、维生素、铁、钙、钾

购存技巧

优质鲜蛋，蛋壳干净、无光泽，壳上有一层白霜，色泽鲜明；鲜蛋蛋壳粗糙，重量适当；鲜蛋相互碰击声音清脆。轻摇优质鸡蛋没有声音（有水声的是陈蛋），对鸡蛋哈口热气，用鼻子凑近蛋壳可闻到淡淡的生石灰味。如果把鸡蛋放入水中，下沉的是鲜蛋，上浮的是陈蛋。

鸡蛋在20℃左右的环境下大概可以存放一周，如果放在冰箱内保存，一般可以保鲜半个月。在保存鸡蛋时需要注意：放置鸡蛋时要大头朝上，小头朝下。

营养功效

鸡蛋富含的蛋白质为优质蛋白，对肝脏组织损伤有修复作用。

蛋黄中的卵磷脂可促进肝细胞的再生，还可提高人体血浆蛋白含量，增强肌体的代谢功能和免疫功能，防治动脉硬化。食用鸡蛋可避免老年人的智力衰退，并可改善各个年龄组的记忆力，还能保护肝脏。

鸡蛋中含有较多的维生素 B_2，可以分解和氧化人体内的致癌物质。鸡蛋中的微量元素，如硒、锌等，也都具有防癌作用。

饮食宜忌

一般人都适合食用，是婴幼儿、孕妇、产妇、病人的理想食品。每天食用一般不超过 2 个。

患有肾脏疾病者应慎食鸡蛋。哮喘患者、高胆固醇者忌吃（或少吃）鸡蛋黄；胃功能不好及皮肤生疮化脓的儿童也不宜多吃鸡蛋黄。

胡萝卜炒鸡蛋 + 小炒蘑菇 + 黄豆瘦肉汤

营养分析：蘑菇中含有人体难以消化的粗纤维、半粗纤维和木质素，可保持肠内水分平衡，吸收多余的胆固醇、糖分，并将其排出体外，对预防便秘、肠癌、动脉硬化、糖尿病等有利。桑叶能疏散风热、清肝明目，可除头痛；茅根消暑解渴；黄豆能健脾宽中。

胡萝卜炒鸡蛋

原料：鸡蛋 4 个，胡萝卜丝 200 克，姜末 5 克，葱段 10 克，盐 2 克，糖 5 克，胡椒粉 1 克，食用油适量。

制作方法

1. 鸡蛋打散，加盐拌匀；胡萝卜丝入沸水烫熟，捞出沥干。

2. 锅内下食用油烧热，下姜末、葱段爆香，加入胡萝卜丝炒片刻，下蛋液、糖、胡椒粉，炒熟装盘即可。

小炒蘑菇

原料：蘑菇 350 克，五花肉片 80 克，青椒片、红椒片、盐、味精、食用油、辣椒油、生抽各适量。

制作方法

1. 锅内放食用油烧热，放入肉片煸炒后盛出。

2. 锅内放食用油烧热，放入蘑菇稍炒后，加入肉片翻炒均匀，再入青、红椒片炒片刻后，调入盐、味精、辣椒油、生抽炒匀，起锅盛入盘中即可。

黄豆瘦肉汤

原料：黄豆 100 克，猪瘦肉块 500 克，桑叶、茅根各 15 克，姜 3 片，盐、鸡精各适量。

制作方法

1. 猪瘦肉入沸水汆去血渍，捞出洗净。

2. 将桑叶、茅根、姜片、黄豆、猪瘦肉放入沙锅内，加入适量清水，大火煮沸后，改用小火煲约 2.5 小时，加盐、鸡精调味即可。

小贴士：煲汤时如果药材较多，可以用一个纱布袋把药材装在一起，以免喝汤时药渣影响口感。

洋葱炒蛋 + 清烩鲈鱼片 + 花生凤爪汤

营养分析：花生凤爪汤具有健脾和胃、利气补益的功效。

洋葱炒蛋

原料：鸡蛋 4 个，洋葱 150 克，姜片、食用油、盐、味精各适量。

制作方法

1. 鸡蛋打散，加盐调匀，下油锅炒成蛋花。

2. 洋葱去皮切丝。

3. 起锅倒入食用油，加入姜片稍爆，下洋葱丝翻炒片刻，调入盐、味精炒匀。

4. 盖上盖子焖 2 分钟，倒入鸡蛋翻炒即可。

清烩鲈鱼片

原料：鲈鱼 1 条，马蹄 100 克，黑木耳 50 克，鸡蛋清 200 克，韭黄 30 克，料酒、盐、葱、姜、胡椒粉、香油、食用油各适量。

制作方法

1. 鲈鱼宰杀、洗净，鱼肉切片，骨留煲汤用；韭黄洗净、切段；黑木耳、马蹄切片；姜、葱洗净、切末。

2. 料酒、盐、鸡蛋清、水淀粉拌匀，投入鱼肉上浆；炒锅烧热，放食用油烧至四成热，放入鱼片划油，呈乳白色时倒出沥油。

3. 原锅留底油，放入葱、姜煸香，再投入韭黄段及黑木耳、马蹄片煸炒；加入鲈鱼骨浓汤、料酒、盐、烧沸后倒入鱼片，最后淋入香油，撒上胡椒粉、香菜叶即成；上桌时，带姜醋碟。

花生凤爪汤

原料：花生米 100 克，鸡爪 150 克，姜片、盐、食用油、胡椒粉、料酒各适量。

制作方法

1. 将花生米用温水泡软，洗净沥干水分；新鲜鸡爪用沸水氽透，脱去黄皮，斩去爪尖，洗净备用。

2. 炒锅上火烧热，加适量底油，放入鸡爪煸炒片刻，再下姜片，注入适量清水，然后放盐、料酒。

3. 用大火煮开 10 分钟，放入花生米，再煮 10 分钟，改中火，撇去浮沫，待鸡爪、花生米熟透时，撒上胡椒粉，起锅即可。

小贴士：洋葱切开后，稍浸冷水，切时就不会刺激到眼睛了。

鹌鹑蛋

鹌鹑蛋虽然体积小，但它的营养价值并不亚于鸡蛋，是人们的天然补品，在食疗上有独特之处，故又有"卵中佳品"之称。

食用性质：味甘，性平

主要营养成分：蛋白质、脑磷脂、卵磷脂、赖氨酸、胱氨酸、维生素 A、维生素 B_2、维生素 B_1、铁、磷、钙

购存技巧

鹌鹑蛋的外壳为灰白色，还有红褐色的和紫褐色的斑纹。优质的鹌鹑蛋色泽鲜艳、壳硬，蛋黄呈深黄色，蛋白黏稠。

鹌鹑蛋外面有自然的保护层，生鹌鹑蛋常温下可以存放 45 天，熟鹌鹑蛋常温下可存放 3 天。

营养功效

中医药学认为，鹌鹑蛋味甘，性平，有补益气血、强身健脑、丰肌泽肤等功效。鹌鹑蛋的营养价值不亚于鸡蛋。

由于其含有维生素 P 等成分，经常食用有防治高血压及动脉硬化之功效；以鹌鹑蛋与韭菜共炒，油盐调味，可治肾虚腰痛、阳痿；用沸水和冰糖适量冲鹌鹑蛋花食用，可治肺结核或肺虚久咳。鹌鹑蛋对贫血、营养不良、神经衰弱、月经不调、支气管炎、血管硬化等患者具有调补作用；对有贫血、月经不调的女性，其调补、养颜、美肤功用尤为显著。

饮食宜忌

一般人均可食用。尤其适宜婴幼儿、孕产妇、老人和病人及身体虚弱的人食用。

脑血管病患者不宜多食鹌鹑蛋。

肉末蒸鹌鹑蛋 + 小白菜炒豆腐 + 番茄鱼丸汤

营养分析：瘦肉可提供血红素和促进铁吸收的半胱氨酸，能改善缺铁性贫血。小白菜中含有大量胡萝卜素和维生素 C，可促进皮肤细胞代谢，防止皮肤粗糙及色素沉着。

肉末蒸鹌鹑蛋

原料：鹌鹑蛋 9 个，猪瘦肉泥 80 克，香菇 70 克，食用油、盐、酱油、胡椒粉、葱花、香油各适量。

制作方法

1. 锅内下食用油烧热，下猪瘦肉泥和香菇（切碎）煸炒，加盐、酱油、胡椒粉，炒熟装盘。

2. 鹌鹑蛋磕破，倒入香菇肉泥上。

3. 入沸水锅蒸 10 分钟取出，下葱花、香油即可。

小白菜炒豆腐

原料：豆腐块 500 克，小白菜段 200 克，食用油 50 毫升，料酒 10 毫升，酱油 5 毫升，盐 5 克，味精 2 克。

制作方法

1. 锅内下食用油烧热，放入豆腐块，小火煎至豆腐呈金黄色。

2. 放小白菜和豆腐一起炒熟，加盐、味精、料酒、酱油调味即可。

番茄鱼丸汤

原料：鱼丸 500 克，番茄 500 克，猪瘦肉 300 克，猪脊骨 250 克，姜、盐、鸡精各适量。

制作方法

1. 番茄洗净，切开；猪脊骨、猪瘦肉洗净，切件，余水；姜去皮。

2. 沙锅内放入番茄、鱼丸、猪脊骨、猪瘦肉、姜，加入适量清水，小火煲 2 小时，调入盐、鸡精即可食用。

小贴士：用小白菜制作菜肴，炒、熬好时间不宜过长，以免损失营养。

剁椒黄瓜炒鹌鹑蛋 + 葱酥鲫鱼 + 油菜玉菇汤

营养分析：鲫鱼具有健脾开胃、益气利水、通乳除湿的功效。

剁椒黄瓜炒鹌鹑蛋

原料：鹌鹑蛋 15 个，黄瓜 300 克，剁椒、葱、生抽、盐、食用油各适量。

制作方法

1. 鹌鹑蛋洗净放入锅中，加水，中火煮沸后再煮两分钟关火，将鹌鹑蛋捞出，泡入冷水中片刻，捞起后剥壳切成两半；黄瓜洗净切成片；葱洗净切成葱花。

2. 平底锅内放食用油，将鹌鹑蛋逐个放入，有蛋黄的一面朝下，小火将其煎黄，翻面，稍稍煎一会儿，放入黄瓜片、剁椒翻炒一分钟。

3. 放入盐、葱花、生抽炒匀，出锅即可。

葱酥鲫鱼

原料：鲜鲫鱼 500 克，葱 50 克，姜、泡红辣椒、料酒、盐、醋、酱油、食用油、味精、胡椒粉各适量。

制作方法

1. 鲫鱼剖洗干净后在鱼身上刻上一字花刀，用盐、料酒、葱段、姜片腌制 15 分钟；把鱼放入热油当中炸制，鱼皮炸紧绷之后捞出。

2. 泡红辣椒切段，姜切片，葱切段，下锅打底油，炒香，加料酒、酱油、清汤，然后把鱼整齐地放入锅内，加味精、盐、胡椒粉，改用小火烧透，再用大火收汤。

3. 用清汤加醋勾芡，撒在鱼身上即可。

油菜玉菇汤

原料：油菜 200 克，豆腐 100 克，姬菇 50 克，滑子菇 50 克，盐、食用油、味精、胡椒粉各适量。

制作方法

1. 将油菜择洗干净切成段；姬菇切成小丁和滑子菇洗净备用；豆腐切成薄片，放入油锅中炸成金黄色捞出切块备用。

2. 锅中留余油，放入姬菇和滑子菇大火翻炒片刻，倒入少量清水，加盐、味精、胡椒粉调味。

3. 烧开后放入油菜、豆腐片煮熟即可。

小贴士：煮鹌鹑蛋时最好不要用大火，大火容易引起蛋壳内空气急剧膨胀而导致蛋壳爆裂。

草鱼与青鱼、鳙鱼、鲢鱼并称中国四大淡水鱼，广泛分布于我国大部分平原地区，为我国特有鱼类。草鱼是淡水鱼中的上品，肉质肥嫩，味道鲜美。

食用性质：味甘，性温

主要营养成分：蛋白质、脂肪、核酸、锌、钙、磷、铁

购存技巧

买草鱼一般挑选体型较大的，大一点的草鱼肉质比较紧密，较小的草鱼肉质太软，口感不佳。一般以活鱼为佳，其次要选鱼鳃鲜红、鱼鳞完整、鱼眼透亮的。

保存草鱼必须先将草鱼宰杀处理，刮除鱼鳞，去除鱼鳃、内脏，清洗干净，然后按照烹饪需要，分割成鱼头、鱼身和鱼尾等部分，抹干表面水分，分别装入保鲜袋，入冰箱保存。一般冷藏保存，必须两天之内食用；冷冻保存，可两星期内食用。

营养功效

现代营养学认为，草鱼肉含有丰富的不饱和脂肪酸，对血液循环有利，是心血管病患者的良好食物。对于身体瘦弱、食欲不振的人来说，草鱼肉嫩而不腻，可以起到开胃、滋补的作用。此外，草鱼肉中含有丰富的硒元素，经常食用有抗衰老、养颜的功效，而且对肿瘤也有一定的防治作用。

草鱼富含蛋白质，具有维持钾钠平衡、消除水肿的功能；富含磷，能促进身体成长及组织器官的修复，参与酸碱平衡的调节；富含铜，铜是人体健康不可缺少的微量营养素，对于血液、头发、皮肤、骨骼组织以及内脏的发育和功能有重要影响。

饮食宜忌

适宜虚劳、高血压、头痛、心血管病、风湿病患者食用。

草鱼肉一次不能吃得太多，否则会诱发各种疮疥。

豉汁蒸鱼片 + 黑木耳炒肚片 + 白菜豆腐汤

营养分析：豆豉蛋白质含量高，且含有多种维生素和矿物质，尤其是维生素E的含量较高，是营养丰富的食品。白菜含有丰富的粗纤维，不但能起到润肠、促进排毒的作用，还刺激肠胃蠕动，促进大便排泄，帮助消化，对预防肠癌有良好作用。

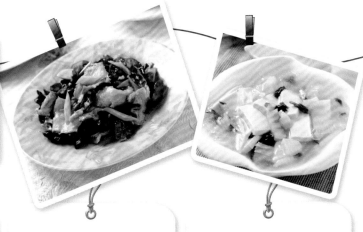

豉汁蒸鱼片

原料：草鱼片150克，豆豉10克，姜末、葱花、红辣椒末、食用油、盐、味精、胡椒粉各适量。

制作方法

1. 在鱼片上放豆豉、姜末、红辣椒末、盐、味精，摆入碟内待用。

2. 蒸锅加水烧开，放入鱼片，大火蒸7分钟后拿出，撒入葱花、胡椒粉；烧开食用油，淋入鱼片即可。

黑木耳炒肚片

原料：猪肚片250克，水发黑木耳50克，青蒜片50克，盐、料酒、糖、酱油、姜末、醋、味精、淀粉、食用油各适量。

制作方法

1. 锅内下食用油烧热，姜末炸锅，加青蒜、黑木耳、猪肚片翻炒。

2. 加料酒、盐、糖、醋、酱油和适量水煮沸，用淀粉勾芡，加入味精拌匀即可。

白菜豆腐汤

原料：白菜条200克，豆腐片300克，紫菜25克，食用油50毫升，味精5克，料酒10毫升，盐4克，高汤适量。

制作方法

1. 豆腐入沸水稍余，捞出沥水。

2. 汤锅放入食用油烧热，添入高汤、白菜条、豆腐，熬至菜熟，放入盐、味精，加入料酒，撒上紫菜即可。

小贴士：豆豉为传统发酵豆制品，以颗粒完整、乌黑发亮、松软易化且无霉腐味者为佳。

莲藕海带鱼汤 + 东坡豆腐 + 蒸梅菜扣肉

营养分析：梅干菜味甘，可开胃下气、益血生津、补虚劳。

莲藕海带鱼汤

原料：草鱼半条，莲藕片200克，海带结100克，盐、葱段、姜片各适量。

制作方法

1. 草鱼去除内脏、鳃和鱼鳞后切成大块，在煎锅中放入少量的油，煎至两面微微发黄。

2. 把煎好的鱼块放入沙锅中，放入葱段和姜片，大火煮开后，小火煲40分钟。

3. 放莲藕片，煲15分钟，放海带结煲10分钟，放盐即可。

东坡豆腐

原料：豆腐450克，猪肉100克，鸡蛋50克，青椒、红椒、淀粉、生抽、盐、鸡精、料酒、胡椒粉、食用油各适量。

制作方法

1. 把鸡蛋打散，加淀粉调匀；豆腐切薄片，裹上鸡蛋液；猪肉切丝；青椒、红椒分别切丝。

2. 锅中放食用油烧热，把裹上鸡蛋液的豆腐放入锅中，煎至两面金黄，铲起放入盘中。

3. 锅中放入少量食用油，下猪肉丝炒熟，倒入料酒，放入青椒丝、红椒丝、盐、胡椒粉、豆腐、生抽、鸡精，炒匀后装盘即可。

蒸梅菜扣肉

原料：猪里脊肉500克，梅干菜200克，葱、姜、食用油、生抽、糖、盐、蜂蜜、老抽、料酒、五香粉各适量。

制作方法

1. 猪里脊肉洗净切大块片，下锅加水煮开后，放入葱、姜、料酒、盐，加盖用中火继续煮30分钟，出锅涂上蜂蜜，风干备用；梅干菜用凉水浸泡30分钟，抓洗备用。

2. 锅中倒油，加入猪里脊肉以中小火炸至一面发黄起泡，出锅晾凉，加入梅干菜、盐、生抽、老抽、糖、五香粉等调料拌匀，腌制1个小时。

3. 蒸锅中加入水，放入扣肉，加盖用大火将水煮开，转小火继续蒸熟即可。

小贴士：梅干菜一般都会有沙土，清洗的时候放水深一些，以便捞起时不带沙土。

鲈鱼体扁侧而长，背厚，肚小，口大，肉质白嫩、清香，几乎没有腥味，肉为蒜瓣形，是常见的鱼类之一。松江鲈鱼与太湖银鱼、黄河鲤鱼、长江鲥鱼并称"中国四大名鱼"。

食用性质： 味甘，性平

主要营养成分： 蛋白质、维生素 A、B 族维生素、钙、镁、锌、铜、硒

购存技巧

以鱼身偏青色，鱼鳞有光泽、透亮的为好，翻开鳃呈鲜红、表皮及鱼鳞无脱落者才是新鲜的；鱼眼要清澈透明不混浊，无损伤痕迹；用手指按一下鱼身，富有弹性就表示鱼体较新鲜；不要买尾巴呈红色的鲈鱼，因为这表明鱼身体有损伤，买回家后鱼很快就会死掉。

鲈鱼一般使用低温保鲜，可去除内脏、清洗干净、擦干水，用保鲜膜包好，放入冰箱冷冻保存，但最好在 1~2 天内食用。

营养功效

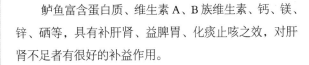

鲈鱼富含蛋白质、维生素 A、B 族维生素、钙、镁、锌、硒等，具有补肝肾、益脾胃、化痰止咳之效，对肝肾不足者有很好的补益作用。

鲈鱼可治胎动不安、乳少等症，准妈妈和产妇吃鲈鱼既补身、又不会造成营养过剩而导致肥胖。鲈鱼是健身补血、健脾益气和益体安康的佳品。

鲈鱼血中含有较多的铜元素，能维持神经系统正常的功能。

饮食宜忌

适宜贫血头晕者、妊娠水肿者、胎动不安者、肝病患者、铜元素缺乏症者食用。

患有皮肤病疮肿者忌食。

清蒸鲈鱼 + 芥蓝炒豆腐 + 菠菜蛋汤

营养分析：鲈鱼血中有较多的铜元素，铜能维持神经系统的正常功能并参与数种物质代谢。缺乏铜元素的人可食用鲈鱼来补充。芥蓝中含有有机碱，带有一定的苦味，能刺激人的味觉神经，有增进食欲、助消化的功效。

清蒸鲈鱼

原料：鲈鱼500克，姜片、葱段、葱丝、酱油、食用油、香油各适量。

制作方法

1. 鱼宰杀，洗净，两面均匀打上花刀。

2. 鲈鱼放在大鱼盘里，鱼身上铺上姜片、葱段，淋香油，入蒸笼内以大火蒸15分钟后取出，拣去姜片、葱段。

3. 将余下姜丝、葱丝撒在鱼身上；炒锅热油，淋在鱼身上，再倒入适量的酱油在盘中即可。

芥蓝炒豆腐

原料：豆腐块500克，芥蓝片200克，糖、盐、蚝油、姜末、蒜末、鸡精、食用油各适量。

制作方法

1. 锅内下食用油烧热，下豆腐块煎黄。

2. 另起锅倒食用油，爆香姜、蒜末，下余过水的芥蓝片煸炒片刻，下豆腐块和芥蓝片一起炒，加盐、蚝油、糖、鸡精调味即可。

菠菜蛋汤

原料：鸡蛋2个，菠菜200克，胡萝卜片100克，水发黑木耳50克，食用油、料酒、盐、鸡精各适量。

制作方法

1. 鸡蛋打散；菠菜洗净；黑木耳撕片。

2. 锅内倒食用油烧热，入鸡蛋液，煎好捣碎。

3. 锅内放胡萝卜、黑木耳和适量清水，煮至汤白，放菠菜，烹入料酒，加盐、鸡精调味即可。

小贴士：选购芥蓝时宜选粗细适中的，过粗的芥蓝太老。

榨菜蒸鲈鱼 + 红烧鹌鹑蛋 + 蒜香茄子

营养分析： 鹌鹑蛋含丰富的蛋白质、脑磷脂、卵磷脂、赖氨酸，有补气益血、强筋壮骨的功效。

榨菜蒸鲈鱼

原料： 鲈鱼750克，榨菜、淀粉、葱白、姜片、香菜、盐、胡椒粉、食用油、香油各适量。

制作方法

1. 鲈鱼宰好洗净，斩件；榨菜切丁；葱白切段。

2. 将榨菜丁、姜片和鲈鱼及一半量的葱白段一起放入碗中，加盐、胡椒粉、淀粉一起拌匀，铺于盘中，淋上食用油。

3. 将鲈鱼隔水蒸熟，撒上剩下的葱白段及香菜，淋上香油即成。

红烧鹌鹑蛋

原料： 鹌鹑蛋12个，食用油、糖、盐、生抽各适量。

制作方法

1. 鹌鹑蛋煮熟，剥壳。

2. 起锅倒入食用油、糖，小火炒至冒泡，下鹌鹑蛋炒至均匀上色。

3. 加盐、生抽调味即可。

蒜香茄子

原料： 茄子500克，蒜、香菜、葱末、姜末、食用油、酱油、糖、盐、料酒、辣椒粉各适量。

制作方法

1. 茄子洗净去蒂，切块；蒜去皮，切片；香菜洗净，切段。

2. 炒锅热油，下入蒜片、葱、姜末爆香，倒入茄子翻炒至软熟，加酱油、糖、盐、料酒，炒至茄子熟透。

3. 用大火收浓汤汁，放入香菜，撒上辣椒粉，翻匀，出锅装盘即可。

小贴士： 炒糖色时需要冷油下糖，用筷子不停地搅至冒泡时倒入鹌鹑蛋，放得太早上不了色，太晚会有焦味。

鲤鱼

鲤鱼因鱼鳞上有十字纹理而得名。鲤鱼体态肥壮，肉质细嫩，产于我国各地淡水河湖、池塘，一年四季均产，但以2~3月产的最肥。逢年过节，餐桌上都少不了鲤鱼，因其名有"年年有余""鱼跃龙门"之意，可增添喜庆气氛。

食用性质：味甘，性平

主要营养成分：蛋白质、脂肪、矿物质、维生素A、维生素D

购存技巧

选购鲤鱼时，首先要挑选活跃新鲜的鲤鱼。其次看鱼的身形。同一种鱼，鱼体扁平、紧实，多为内脏少、出肉多的鱼；反之，腹膨体宽，行动迟缓，则多为子多油厚、内脏臃积的鱼，出肉自然不多。

在鲤鱼的鼻孔里滴一两滴白酒，然后把鲤鱼放在通气的篮子里，上面盖一层湿布，在气温适宜的情况下，两三天内鲤鱼都不会死去。

营养功效

鲤鱼的脂肪多为不饱和脂肪酸，能降低胆固醇，可以防治动脉硬化、冠心病，因此，多吃鲤鱼有利于健康长寿。

鲤鱼的蛋白质不但含量高，而且质量也佳，人体对其消化吸收率可达96%，并能供给人体必需的氨基酸、矿物质、维生素A和维生素D。

饮食宜忌

适宜肾炎水肿、黄疸肝炎、肝硬化腹水、心脏性水肿、营养不良性水肿、咳喘者之人食用，同时适宜妇女妊娠水肿、胎动不安、产后乳汁缺少之人食用。

凡患有恶性肿瘤、淋巴结核、红斑性狼疮、支气管哮喘、小儿疳腮、血栓闭塞性脉管炎、痈疽疔疮、荨麻疹、皮肤湿疹等疾病之人均忌食。鲤鱼是发物，素体阳亢及疮疡者慎食。

当归焖鲤鱼 + 冬菜炒荷兰豆 + 凉拌黄瓜

营养分析：当归有抗血小板凝集和抗血栓作用，并能促进血红蛋白及红细胞的生成。当归对肝损伤有保护作用，并能促进肝细胞再生和恢复肝脏某些功能。冬菜含有多种维生素，有开胃健脑的作用。

当归焖鲤鱼

原料：鲤鱼 600 克，当归 10 克，红枣 50 克，枸杞子 25 克，盐、香菜各适量。

制作方法

1. 将鲤鱼从鳃部挖开，掏出内脏，洗净待用。

2. 把红枣、枸杞子洗净。

3. 把当归、红枣、枸杞子、鲤鱼一起放入锅内，焖煮 20 分钟加盐，撒上香菜即可。

冬菜炒荷兰豆

原料：荷兰豆 500 克，冬菜、叉烧、食用油、酱油、味精、糖各适量。

制作方法

1. 荷兰豆去头尾，洗净待用；冬菜洗净，切成碎末；叉烧切成细粒。

2. 锅内下食用油烧热，将叉烧粒和冬菜末下入锅中急炒几下，加荷兰豆，再加酱油、糖、味精，再翻炒至熟，出锅装盘即可。

凉拌黄瓜

原料：黄瓜条 500 克，蒜泥、食用油、盐、醋、糖、味精、香油、辣椒粉各适量。

制作方法

1. 锅内放食用油烧热，放入辣椒粉、蒜泥，接着放入盐、糖、醋，翻炒几下，再加入少量味精。

2. 等锅里的辅料冷却之后，倒在已经切好的黄瓜上，浇上香油，拌匀即可。

小贴士：孕妇慎服当归。

香糟烧鲤鱼 + 香辣土豆块 + 如意白菜卷

营养分析：鲤鱼的脂肪多为不饱和脂肪酸，并能供给人体必需的氨基酸、矿物质、维生素 A 和维生素 D。

香糟烧鲤鱼

原料：鲤鱼 750 克，排骨 150 克，香糟汁 30 克，清汤、姜、葱、盐、味精、糖、食用油各适量。

制作方法

1. 鲤鱼宰杀、洗净、切成两段；排骨斩成块。

2. 烧热炒锅，放食用油烧至微沸，放入鲤鱼煎至两面金黄色，取出待用。

3. 沙锅洗净，中火烧热放食用油，放入姜、葱、排骨爆香，加入煎鱼、盐、糖、味精、清汤，最后将香糟汁淋在鱼面上，加盖用中火烧 30 分钟至香味透出，原煲上席。

香辣土豆块

原料：土豆 500 克，干红辣椒 50 克，食用油、白醋、盐、鲜汤、葱花、姜末各适量。

制作方法

1. 土豆洗净去皮，切成块；干红辣椒去蒂、子，切小段，洗净泡软备用。

2. 炒锅置火上，注入适量食用油，大火烧至七成热，下入土豆块炸至熟透，呈金黄色时倒入漏勺，控油。

3. 炒锅留底油，上火烧热，用姜末炝锅，下入干红辣椒段煸炒出红油，下入土豆块，烹白醋，添鲜汤，加盐翻炒均匀，撒葱花，出锅装盘即可。

如意白菜卷

原料：白菜叶 400 克，猪肉、鸡蛋、面粉、香油、盐、味精、花椒粉、葱末、姜末、汤汁、水淀粉各适量。

制作方法

1. 猪肉剁成馅，加盐、味精、花椒粉、葱末、姜末、水淀粉、香油拌匀；白菜叶洗净，在沸水中烫软，捞出投凉，沥干水分；鸡蛋磕入碗中，加适量面粉调成糊。

2. 将白菜叶铺在案板上，抹一层鸡蛋糊，再将猪肉馅抹在上面，卷成圆柱形，整齐地放在盘中。

3. 烧锅倒入清水烧热，隔水蒸熟白菜卷；再将汤汁倒入炒锅中，用水淀粉勾薄芡，淋在菜卷上即可。

小贴士：干红辣椒用清水泡软，才能煸炒，否则易煳。

鲫鱼

鲫鱼是一种主要以植物为食的杂食性鱼，喜群集而行，择食而居。鲫鱼肉味鲜美，肉质细嫩，营养全面，高蛋白、低脂肪，食之味鲜而不腻，略感甜味，是餐桌上常见的菜肴材料。

食用性质：味甘，性平

主要营养成分：蛋白质、脂肪、维生素 A、维生素 B_1、维生素 B_2、维生素 B_{12}、烟酸、钙、磷、铁

购存技巧

选购鲫鱼的时候要选鲜活的，鱼体光滑、整洁、无病斑、无鱼鳞脱落。

去内脏、鱼鳃，洗净后控干水冷冻即可。不去掉鱼鳞可以使其保持鲜味，等吃的时候再去鱼鳞。

营养功效

鲫鱼所含的蛋白质质优、齐全、易于消化吸收，是肝肾疾病及心脑血管疾病患者的良好蛋白质来源，常食可增强抗病能力。肝炎、肾炎、高血压、心脏病、慢性支气管炎等疾病患者可经常食用。

鲫鱼有健脾利湿、和中开胃、活血通络、温中下气之功效，对脾胃虚弱、水肿、溃疡、气管炎、哮喘、糖尿病有很好的滋补食疗作用。产后妇女炖食鲫鱼汤，可补虚通乳。

鲫鱼汤不但味香汤鲜，而且具有较强的滋补作用，非常适合中老年人和病后虚弱者食用。

饮食宜忌

适宜慢性肾炎水肿、肝硬化腹水、营养不良性水肿之人食用；适宜产后乳汁缺少之人食用；适宜脾胃虚弱、饮食不香之人食用；适宜痔疮出血、慢性久痢者食用。

感冒发热期间不宜多吃。

炖奶鲫鱼 + 四珍小白菜 + 蒸肉饼

营养分析：牛奶中的钙最容易被吸收，而且磷、钾、镁等矿物质搭配也十分合理，具有补虚损、益肺胃、生津润肠之功效。小白菜所含胡萝卜素比豆类、番茄、瓜类都多，并且还含有丰富的维生素C，进入人体后，可促进皮肤细胞代谢，防止皮肤粗糙及色素沉着，使皮肤亮洁，延缓衰老。

炖奶鲫鱼

原料： 鲫鱼300克，姜片、火腿末、熟笋片、牛奶、葱段、豌豆苗、香菇片、盐、料酒、糖、高汤、香菜各适量。

制作方法

1. 鲫鱼宰好，洗净，放入沸水中烫煮一下，去掉血水。

2. 在炖锅中依次放入姜片、葱段、香菇片、熟笋片、鲫鱼、豌豆苗、火腿末，加盐、料酒、糖、高汤，炖煮15分钟，倒入牛奶，撒香菜煮一下即可。

四珍小白菜

原料： 小白菜片400克，玉米粒40克，牛肉丝50克，香菇（去蒂）30克，虾米30克，酱油、盐、食用油、淀粉各适量。

制作方法

1. 锅内下食用油烧热，下入牛肉丝炒熟后，加香菇、虾米和玉米粒同炒，放酱油、盐翻炒均匀，用淀粉勾薄芡。

2. 将炒好的"四珍"倒入盛有小白菜（氽过水）的盘子中即可。

蒸肉饼

原料： 猪腿肉500克，豆腐干、盐、生抽、糖、味精、料酒各适量。

制作方法

1. 将猪腿肉洗净后剁成肉泥，用盐、生抽、糖、味精、料酒调味拌匀；豆腐干切成均匀的小块。

2. 取蒸盘，底铺切块的豆腐干，再将肉馅放入，稍调摊平。

3. 起锅，放适量水，大火煮沸，放入蒸盘，转小火蒸至肉熟即可。

小贴士： 小白菜氽水的时候，时间不宜过长，以免损失营养。

酥焖鲫鱼 + 银耳炒芹菜 + 白果红枣牛肉汤

营养分析: 芹菜中含大量的胶质性碳酸钙,容易被人体吸收;同时含有丰富的钾元素,可预防浮肿。

酥焖鲫鱼

原料: 鲫鱼 800 克,海带 50 克,胡萝卜 50 克,雪菜、葱、姜、蒜、料酒、花椒、大料、醋、酱油、糖、盐各适量。

制作方法

1. 将鲫鱼剖洗干净;海带切段再卷成小卷;雪菜和胡萝卜分别切成厚片;葱切段,姜切片,蒜切末。

2. 取铁锅,锅底码放好雪菜片和胡萝卜片,葱、姜、蒜撒在上面,再摆上鱼。

3. 放一层卷好的海带卷,加入花椒、大料、酱油、糖、料酒、醋和盐,倒适量水没过鱼即可,反扣一个盘子压在鱼上,大火烧开后改小火焖 1 小时即可。

银耳炒芹菜

原料: 芹菜 250 克,银耳(干)、葱花、姜丝、食用油、盐、料酒各适量。

制作方法

1. 银耳用温水泡发 2 小时,去蒂后撕成瓣状;芹菜去叶洗净后,切段。

2. 锅内放入食用油,油热后,放入姜丝和葱花,炒出香味,然后加入芹菜、银耳翻炒数下,最后放入料酒、盐调味即可。

白果红枣牛肉汤

原料: 白果 50 克,百合 50 克,红枣 10 枚,牛肉 300 克,姜、盐各适量。

制作方法

1. 百合、红枣、姜分别洗净,红枣去核、白果去壳,用水浸去外层薄膜,再用清水洗净;牛肉用滚水烫后切成薄片。

2. 沙煲内加适量清水,先用大火煲至水滚,放入牛肉、百合、红枣、白果和姜片,改用小火慢炖,煲约 1 小时,加盐调味即可。

小贴士: 脾胃虚寒、肠滑不固、血压偏低者应少吃芹菜。

带鱼

带鱼体长扁，呈带状，头窄长，口大且尖，牙锋利，眼大位高，尾部细鞭状。体表银灰色，无鳞，但表面有一层银白色油脂，侧线在胸鳍上方向后显著，背鳍极长，无腹鳍。

食用性质：味甘、咸，性温

主要营养成分：蛋白质、脂肪、维生素 B_1、维生素 B_2、烟酸、钙、磷、铁、镁、碘

购存技巧

新鲜带鱼为银灰色，有光泽。有些带鱼在银白光泽上附着一层黄色的物质，这是因为带鱼是一种脂肪含量较高的鱼，当储存不好时，鱼体表面的脂肪因大量接触空气而加速氧化，氧化的结果就是使鱼体表面产生黄色的物质。

将带鱼清洗干净，擦干，剁成大块，抹上一些盐和料酒，再放到冰箱冷冻，可以长时间保存，并且还能腌渍入味。如不冷冻，则需尽快食用。

营养功效

带鱼体表银白色油脂层中含有抗癌成分，对辅助治疗白血病、胃癌、淋巴肿瘤等有益。

带鱼的脂肪含量高于一般鱼类，且多为不饱和脂肪酸，这种脂肪酸的碳链较长，具有降低胆固醇的作用。经常食用带鱼，具有补益五脏的功效。

带鱼含有丰富的镁，对心血管系统有很好的保护作用，有利于预防高血压、心肌梗死等心血管疾病。常吃带鱼还有养肝补血、泽肤养发、健美的功效。

饮食宜忌

适宜久病体虚、血虚头晕、气短乏力、食少羸瘦、营养不良、皮肤干燥者食用。

带鱼属动风发物，凡患有疥疮、湿疹等皮肤病，以及皮肤过敏、红斑性狼疮、痈疖疮毒、淋巴结核、支气管哮喘者忌食。

木瓜烧带鱼 + 腐竹拌菠菜 + 紫菜蛋汤

营养分析: 带鱼富含多种氨基酸、不饱和脂肪酸、钙、铁、镁、磷等营养物质,具有润泽肌肤、养生健美的功效。腐竹含有卵磷脂,可除掉附在血管壁上的胆固醇,防止血管硬化,预防心血管疾病,保护心脏。

木瓜烧带鱼

原料: 鲜带鱼 350 克,木瓜 400 克,葱末、姜片、醋、盐、酱油、料酒、味精各适量。

制作方法

1. 将带鱼洗净,切成段;生木瓜洗净,去皮和子,切成块。

2. 将锅置火上,加入清水适量,放入带鱼块、木瓜块、葱末、姜片、醋、酱油、料酒焖煮。

3. 焖煮至熟时,放入盐、味精调味即可。

腐竹拌菠菜

原料: 菠菜 250 克,水发腐竹段 150 克,花椒油、味精、盐、姜末各适量。

制作方法

1. 腐竹段加花椒油、盐、味精拌匀码在盘中。

2. 菠菜择洗干净,入沸水中稍烫至断生,捞出,用凉开水过凉,沥水,切段,入盘中。

3. 在菠菜中加花椒油、盐、味精拌匀,再与腐竹拌匀,撒上姜末即可。

紫菜蛋汤

原料: 鸡蛋 2 个,紫菜 50 克,葱花 5 克,虾皮 5 克,盐、香油各适量。

制作方法

1. 将紫菜切(撕)成片状;鸡蛋打匀成蛋液备用。

2. 在蛋液里放盐,拌匀。

3. 锅内放适量清水煮沸,倒入鸡蛋液,搅拌成鸡蛋花,再放入紫菜和虾皮,淋香油,煮沸,放入盐和葱花调味即可。

小贴士: 煮木瓜和带鱼时不宜频繁翻动,否则易碎。

红烧带鱼段 + 客家酿豆腐 + 三鲜冬瓜汤

营养分析：带鱼具有补五脏、和中暖胃、补气养血、泽肤健美之功效。

红烧带鱼段

原料：鲜带鱼 300 克，食用油、料酒、酱油、香油、白醋、糖、盐、味精、葱、姜、蒜、花椒、淀粉各适量。

制作方法

1. 将带鱼剖洗干净，在鱼身两侧剞"棋盘花刀"，剁成长段，下入八成热油中炸透，呈金黄色时，倒入漏勺。

2. 原锅留底油，用花椒及葱、姜、蒜炝锅，烹料酒、白醋，加入酱油、糖、盐，添汤烧开，再下入炸好的带鱼段，转小火烧至入味。

3. 见汤汁稠浓时，加入味精，移大火收汁，用水淀粉勾芡，淋香油即可。

客家酿豆腐

原料：豆腐 500 克，鱼脊肉 150 克，肥肉 35 克，虾米 10 克，香菇 3 克，香菜 5 克，葱、陈皮、糖、生抽、香油、胡椒粉、淀粉各适量。

制作方法

1. 虾米、陈皮、香菇均浸软切碎；肥肉切小粒状；鱼脊肉剁泥，加糖、香油、胡椒粉，搅至起胶，加入虾米、陈皮、香菇、肥肉及葱等碎粒，搅匀；豆腐切成长方块，中央挖一孔。

2. 在豆腐中间的孔上撒少许淀粉，把鱼肉馅嵌进去，上蒸笼蒸约 10 分钟。

3. 锅烧热，加水、生抽，煮沸，用水淀粉勾芡，取出淋在豆腐上，即可供食。

三鲜冬瓜汤

原料：冬瓜 500 克，水发香菇、冬笋各 100 克，猪瘦肉 50 克，鲜汤 1200 毫升，盐、食用油、姜片各适量。

制作方法

1. 猪瘦肉切丝；冬瓜削去皮，去瓤洗净，切成小薄片；冬笋切成小薄片；香菇去蒂，切成薄片。

2. 锅洗净置大火上，倒入食用油烧至七成热时，下肉丝稍炒，放入冬瓜、姜片微炒，掺入鲜汤。

3. 冬瓜煮至快软时，下冬笋片、香菇片同煮至冬瓜熟，加盐调味起锅即可。

小贴士：热病口干烦渴，小便不利者宜多食冬瓜。

海蜇属腔肠动物，犹如一顶降落伞，也像一个白蘑菇。形如蘑菇头的部分就是海蜇皮，伞盖下像蘑菇柄一样的口腔与触须便是海蜇头。海蜇皮是一层胶质物，营养价值较高；海蜇头稍硬，胶质的营养与海蜇皮相近。

食用性质：味咸，性平

主要营养成分：蛋白质、碳水化合物、钙、碘、多种维生素

购存技巧

优质海蜇皮应呈白色或浅黄色，有光泽，自然圆形，片大平整，无红衣、杂色、黑斑，肉质厚实均匀且有韧性，无腥臭味，口感松脆适口；劣质的海蜇色泽变深，有异味，手捏韧性差，易碎裂。

可以用盐裹住海蜇以防止变质，像腌咸菜一样密封保存，注意不能沾到水；或者晾干之后入冰箱冷冻保存。

营养功效

海蜇含有人体需要的多种营养成分，尤其是含有人体需要的碘，对预防甲状腺肿大、恶性淋巴瘤、甲状腺癌和乳腺癌等疾病有益。

海蜇含有类似于乙酰胆碱的物质，能扩张血管，降低血压；所含的甘露多糖胶质对防治动脉粥样硬化有一定功效。

科学家们从海蜇中提取出的水母素，具有特殊生理作用，在抗菌、抗病毒和防癌等方面都具有很强的药理效应。

饮食宜忌

一般人都能食用，适宜急慢性支气管炎、咳嗽哮喘、痰多黄稠、高血压、头昏脑胀、烦热口渴、大便秘结、单纯性甲状腺肿、醉酒后烦渴者食用。

从事理发、纺织、粮食加工等与尘埃接触较多的人员常吃海蜇，可以去尘积、清肠胃，保障身体健康。

脾胃虚寒者慎食。

黄瓜姜丝海蜇 + 韭菜豆芽猪血汤 + 咸鸭蛋蒸猪肉

营养分析：猪血能较好地清除人体内的粉尘和有害金属微粒。豆芽具有清热解毒、醒酒利尿的功效。鸭蛋中各种矿物质的总量超过鸡蛋，特别是身体中迫切需要的铁和钙，在咸鸭蛋中更是丰富，对骨骼发育有利，并能预防贫血。

黄瓜姜丝海蜇

原料：嫩黄瓜丝 200 克，水发海蜇丝 100 克，姜丝、盐、味精、醋、香油各适量。

制作方法

1. 将水发海蜇丝入清水中浸泡，洗净，再放入热水锅中余一下，捞出沥干，放入碗中。

2. 加入黄瓜丝、姜丝拌匀，再加盐、味精、醋、香油、拌匀即可。

韭菜豆芽猪血汤

原料：韭菜 100 克，猪血 500 克，豆芽 100 克、盐、食用油、香油、姜片、红枣各适量。

制作方法

1. 韭菜洗净，切段，备用。

2. 锅中注入清水，放入姜片，大火煮沸后，下入猪血煮熟，下红枣、韭菜和豆芽，加食用油、盐、香油调匀即可。

咸鸭蛋蒸猪肉

原料：猪五花肉 300 克，咸鸭蛋、生抽、糖、食用油各适量。

制作方法

1. 猪五花肉洗净，剁碎；将生抽和水以及糖、食用油，加入猪肉内，边加边搅拌。

2. 碗内刷食用油，放入猪肉泥，把咸蛋黄压入中间（不要蛋清），锅内加水，大火煮沸，隔水清蒸约 30 分钟即可。

小贴士：切记，要把猪五花肉去皮后再剁泥，同时注意蒸制的时间。

糖醋海蜇芹菜 + 茶香牛肉 + 海带什蔬汤

营养分析： 海蜇皮含蛋白质、脂肪、碳水化合物、钙、磷、铁、烟酸及碘等。

糖醋海蜇芹菜

原料： 海蜇皮 250 克，芹菜 150 克，糖、白醋、食用油、盐、味精各适量。

制作方法

1. 海蜇皮用清水浸泡 2 小时，去除咸味，切成细丝；芹菜去根和叶，洗净切成丝，放沸水中余一下，捞出用冷水过凉，控干水分。

2. 海蜇丝放到微沸的水中稍微烫一下，再捞出沥干，放在碗里加上盐、糖、白醋、味精拌匀。

3. 锅置火上，放食用油烧至八成热，放入芹菜丝稍炒，倒入调好味的海蜇丝，迅速翻炒均匀即可。

茶香牛肉

原料： 牛肉 500 克，红枣 25 克，葱段、姜片、桂皮、小茴香、料酒、酱油、绿茶、食用油各适量。

制作方法

1. 牛肉切小块，下冷水锅煮，将沸时撇去浮沫，置小火上煮 30 分钟，倒出洗净。

2. 原锅洗净，放少量食用油，下葱段、姜片及牛肉略加煸炒，加料酒、酱油、绿茶、桂皮、小茴香、红枣、水，大火煮沸，改小火焖烧约 1 小时，待牛肉熟酥、茶香扑鼻，移大火上收浓卤汁即可。

海带什蔬汤

原料： 海带丝 200 克，滑子菇、豆芽各 50 克，小番茄 10 克，鸡蛋、葱、盐、味精、胡椒粉、香油各适量。

制作方法

1. 将葱洗净切成末；小番茄洗净切开；鸡蛋磕入碗中打散；豆芽洗净；海带丝剪断备用。

2. 坐锅点火倒入水，水开后放入海带丝、滑子菇大火煮 3 分钟。

3. 加入胡椒粉、味精、盐调味，放入豆芽，待豆芽煮熟后倒入鸡蛋、小番茄，撒上葱末、淋香油即可。

小贴士： 海蜇皮不要烧太久，以免不爽脆。

海带

海带是生长在海水中的大型褐藻植物。常常长在海岸边的礁石或海底的岩石上，形状像带子，含有大量的碘，可用来提制碘、钾等，有"长寿菜""海上之蔬""含碘冠军"的美誉。

食用性质：味甘、咸，性温

主要营养成分：粗蛋白、糖、粗纤维、矿物质、钙、铁、胡萝卜素、维生素 B_1、维生素 B_2

购存技巧

正常的海带是深褐色，腌渍或者晒干之后，会呈现墨绿色或深绿色，以叶子宽厚、没有枯黄的为佳。不要买颜色特别鲜艳的海带。

可将拆封后的海带放置于冰箱冷藏室内保存，但仍需在短时间内食用。因为在保存过程中，微生物会不断繁殖，有害成分增加，营养下降，导致变质。

营养功效

海带中含有大量的碘，碘是合成甲状腺的主要物质。如果人体缺少碘，就会患粗脖子病，即甲状腺机能减退症，而且缺碘容易发生甲状腺癌和乳腺癌。多吃含碘丰富的海藻类食物，可预防这些疾病。

海带的黏液中有一种叫岩藻多糖的物质，具有防癌作用。日本学者研究发现，岩藻多糖对肉瘤细胞有抑制作用。

海带胶质能促使体内的放射性物质随同大便排出体外，从而减少放射性物质在人体内的积聚，降低放射性疾病的发生概率。

海带中的优质蛋白质和不饱和脂肪酸，对心脏病、糖尿病、高血压有一定的防治作用。

饮食宜忌

适宜缺碘、甲状腺肿大、高血压、高脂血症、冠心病、糖尿病、动脉硬化、肝硬化腹水、骨质疏松、营养不良性贫血、精力不足、神经衰弱、头发稀疏者食用。

脾胃虚寒的人慎食，甲亢中碘过剩型的病人要忌食。

海带粥＋酸辣汁豆腐干＋西蓝花鸡肫

营养分析：海带含有胶质，能促使体内的放射性物质随同大便排出体外，从而减少放射性物质在人体内的积聚。豆腐干营养丰富，含有大量蛋白质、脂肪、碳水化合物、钙、磷、铁等人体所需的营养成分，既香又鲜，久吃不厌，被誉为"素火腿"，对少儿骨骼生长有利。

海带粥

原料：粳米100克，海带丝60克，陈皮、葱花、味精、盐各适量。

制作方法

1. 粳米洗净，浸泡30分钟；陈皮浸软。

2. 沙锅内放适量清水，加入粳米煮沸，转小火煮至粥成，加入陈皮、海带再煮10分钟，加盐、味精调味，撒上葱花即可。

酸辣汁豆腐干

原料：豆腐干150克，泰式酸辣汁50毫升，食用油适量。

制作方法

1. 豆腐干切十字花。

2. 起锅倒入食用油，烧热后下入豆腐干，小火煎5分钟，淋上泰式酸辣汁即可。

西蓝花鸡肫

原料：鸡肫100克，西蓝花200克，姜片、胡萝卜片、葱段各10克，食用油、盐、味精、糖、胡椒粉、料酒、淀粉各适量。

制作方法

1. 鸡肫用盐处理后洗净、切片，加料酒、胡椒粉腌渍；入沸水中煮至硬身，捞起沥干。

2. 锅内下食用油烧热，放姜片、胡萝卜片、西蓝花炒至将熟，下鸡肫、味精、糖、盐、葱段炒透，水淀粉勾芡即可。

小贴士：为保证海带鲜嫩可口，入锅后煮约15分钟即可，时间不宜过久。

银芽海带丝 + 干煸牛肉丝 + 爆炒腰花

营养分析: 海带具有化痰软坚,清热利尿之功效,可治疗甲状腺肿、淋巴结肿大、饮食不下、水肿、高血压等症。

银芽海带丝

原料: 绿豆芽 100 克,海带丝 60 克,红辣椒 2 个,大蒜数瓣、白醋、糖、盐、香油各适量。

制作方法

1. 海带丝洗净,放入滚水中煮熟,捞出,浸入凉开水中,待凉切段;红辣椒洗净,切丝;大蒜去皮,切末。

2. 绿豆芽洗净,放入滚水中余烫,捞出,立即浸入凉开水中,待凉加入白醋腌拌,5 分钟后沥干水分备用。

3. 待海带丝、绿豆芽放凉,装在碗中加红辣椒丝、糖、盐、香油,搅拌均匀即可端出。

干煸牛肉丝

原料: 牛肉 250 克,芹菜 150 克,红辣椒、姜、熟芝麻、生抽、盐、味精、糖、蚝油、食用油、水淀粉各适量。

制作方法

1. 牛肉切条;芹菜洗净切大段;姜切丝;红辣椒切丝。

2. 热锅下食用油,放辣椒爆一下,放牛肉条煸炒出水,倒出备用。

3. 放红辣椒丝、姜丝、盐、生抽、蚝油和芹菜翻炒,用中火炒至快断生,再加入牛肉片,调入盐、味精、糖炒透入味,用水淀粉勾芡,出锅前撒熟芝麻。

爆炒腰花

原料: 猪腰 200 克,青椒、胡萝卜各 50 克,花椒、花椒粒、干辣椒、姜末、蒜末、香油、料酒、酱油、醋、盐、糖、水淀粉、食用油各适量。

制作方法

1. 青椒、胡萝卜洗净、切块;猪腰洗净切片,放进加有花椒粒的水里浸泡15分钟,捞出沥水;将水淀粉、糖、盐、花椒、香油、料酒、酱油、醋调成料汁。

2. 热锅热油,炒香姜末、蒜末、干辣椒,倒入腰花翻炒至变色,盛出。

3. 锅内余油再烧热,下青椒、胡萝卜炒熟,倒入腰花、料汁,快速炒匀即可。

小贴士: 猪腰的白筋和暗红色的部分是腰花异味的根源,一定要去除干净。

豆腐是我国古代淮南王刘安发明的绿色健康食品。高蛋白，低脂肪，有降血压、降血脂、降胆固醇的功效。生熟皆可，老幼皆宜，是养生摄生、益寿延年的美食佳品。

食用性质：味甘淡，性凉

主要营养成分：碳水化合物、植物油、蛋白质、铁、钙、磷、镁

购存技巧

应挑选呈乳白色或浅黄色、有光泽、薄厚均匀、四角整齐、柔软有劲的豆腐。用手按压，质地细腻，边角整齐，有一定弹性，切开处挤压不出水、无杂质，具有豆腐干特有清香气味，滋味纯正，咸淡适口的。

买回后可用盐水浸泡保存以免变质，并尽快食用。

营养功效

现代医学证明，豆腐有抗氧化的功效，能有效地预防骨质疏松、乳腺癌和前列腺癌的发生，是更年期的保健食品。

豆腐中丰富的大豆卵磷脂有益于神经、血管、大脑的生长发育，比动物性食品或鸡蛋更有优势。因为它在健脑的同时，所含的豆固醇还抑制了胆固醇的摄入。

大豆蛋白可以显著降低血浆胆固醇、甘油三酯和低密度脂蛋白，保护血管细胞，有助于预防心血管疾病。

饮食宜忌

一般人都可以食用，尤其适合老人、孕妇、产妇食用，也是有助于儿童生长发育的重要食物。脑力工作者及经常加夜班者可经常食用。

肾病、缺铁性贫血、痛风病患者要少吃；胃寒，易腹胀、腹泻者不宜多食；患有严重肾病、痛风、消化性溃疡、动脉硬化、低碘者应禁食。

青蒜炒豆腐 + 腊味蒸滑鸡 + 山药莲藕汤

营养分析：豆腐含有丰富蛋白质，其中谷氨酸含量丰富，是大脑赖以活动的重要物质，常吃有益于大脑发育。腊肉中磷、钾、钠的含量丰富，还含有脂肪、蛋白质、碳水化合物等，具有消食、开胃、祛寒等功效。

青蒜炒豆腐

原料：豆腐 400 克，青蒜 100 克，姜末、食用油、盐、花椒水各适量。

制作方法

1. 青蒜洗净、切成 2 厘米长的段；豆腐切小块；姜切末。

2. 锅内下食用油烧热，放姜末炝锅，下豆腐块翻炒。

3. 放入盐、花椒水、青蒜，炒至九成熟即可。

腊味蒸滑鸡

原料：鸡肉 600 克，腊肉片 200 克，腊肠片 30 克，香菇片 20 克，姜片、蒜片、盐、香油各适量。

制作方法

1. 腊肠片、腊肉片用沸水略烫，捞起沥干；将鸡斩件备用。

2. 将鸡肉放入锅内，加入盐、香油混合而成的调味料，再放上香菇片、姜片、蒜片、腊肠片、腊肉片，入锅蒸至鸡肉熟透即可。

山药莲藕汤

原料：莲藕 100 克，山药、枸杞子、食用油、盐、姜丝、清汤各适量。

制作方法

1. 莲藕去皮，洗净，切厚片；山药去皮，洗净，切厚片；枸杞子洗净。

2. 锅内放食用油烧热，放姜丝、清汤煮沸。

3. 放莲藕、山药煮 30 分钟，加枸杞子煮 5 分钟，加盐即可。

小贴士：不要为了把鸡肉蒸烂而延长蒸的时间，那样只会破坏其口感。用小火蒸 20 分钟就足够。

宫保豆腐 + 五更牛腩 + 炝辣苦瓜

营养分析： 花生含有维生素 E 和一定量的锌，能增强记忆，抗老化，延缓脑功能衰退。

宫保豆腐

原料： 豆腐 500 克，炸花生米 100 克，红椒、青椒各 50 克，食用油、葱花、蒜、姜末、花椒粒、豆瓣酱、生抽、料酒、糖、水淀粉、盐、鸡精各适量。

制作方法

1. 红椒、青椒、豆腐切块；葱花、姜末、生抽、料酒、糖、水淀粉、盐、鸡精调成味汁。

2. 锅内放食用油烧热，放入豆腐块炸至金黄；红椒块、青椒块放入油锅中过油，和豆腐块一起捞出，控油。

3. 原锅留底油烧热，下花椒粒爆香后捞出花椒不要，再放入蒜、姜、豆瓣酱炒香，然后倒入味汁炒匀，下入豆腐、红椒块、青椒块、炸花生米翻炒均匀即可。

五更牛腩

原料： 牛腩 500 克，番茄 250 克，青蒜段、葱段、姜片、蒜片、料酒、大料、辣豆瓣酱、高汤、酱油、水淀粉、食用油各适量。

制作方法

1. 番茄洗净切块；牛腩洗净切块，用开水氽烫，去血水，用清水冲凉，再加入大料、葱段、姜片、番茄块、料酒、水，蒸30分钟。

2. 烧热油锅，爆香蒜片、葱段，加入辣豆瓣酱、高汤煮开，再加蒸好的牛腩、酱油煮透，用水淀粉勾芡，撒青蒜即可。

炝辣苦瓜

原料： 苦瓜 500 克，葱、姜、蒜、豆豉、花椒油、酱油、香油、糖、醋、盐、味精、食用油、芝麻酱各适量。

制作方法

1. 苦瓜洗净，对切两半，去掉瓜瓤，切成粗丝条，放沸水锅内，煮至断生捞出，沥水，拌入适量盐、香油上碟；葱洗净切花；姜洗净切末；蒜去皮切末。

2. 把炒锅置大火上，倒入食用油烧热，下豆豉炒酥，铲出放在案板上，剁成蓉，倒回锅内。

3. 加酱油调匀，再加糖、醋、味精、葱花、姜末、蒜末、香油、芝麻酱、花椒油调匀，淋在苦瓜上即可。

小贴士： 花生米经过油炸后，性质热燥，不宜多食。

粳米

粳米又称大米，是稻米中谷粒较短圆、黏性较强、胀性小的品种。我国各地均有栽培。采收成熟果实，晒干，碾去皮壳即是粳米。

食用性质：味甘，性平

主要营养成分：碳水化合物、蛋白质、脂肪、钙、磷、铁、B族维生素

购存技巧

外观完整，饱满结实，没有蛀虫，没有发霉，也没有异物混杂者为佳。

储放在干燥、密封的容器内，并置放在阴凉处，尽快食用完毕，以免发霉和遭受虫蛀。

营养功效

中医认为粳米有补中益气、健脾养胃、益精强志、和五脏、通血脉、聪耳明目、止烦、止渴、止泻的功效。米粥具有补脾、和胃、清肺功效。米汤有益气、养阴、润燥的功能。

粳米米糠层的粗纤维分子，有助胃肠蠕动，对胃病、便秘、痔疮等疗效很好。粳米能提高人体免疫功能，促进血液循环，从而减少患高血压的机会。粳米能预防糖尿病、脚气病、老年斑和便秘等疾病。

饮食宜忌

适宜一切体虚之人、高热之人、久病初愈之人、产妇、老年人、婴幼儿以及消化力减弱者食用。

患有糖尿病和胃酸过多的人应避免食用过量。加工过于精细的粳米应少吃。精米、糙米应配合食用，以均衡营养。

胡萝卜鸡丝粥 + 玉米煎蛋烙 + 豆腐乳空心菜

营养分析： 鸡肉蛋白质含量较高，且易被人体吸收利用，有增强体力、强壮身体的作用。玉米中含有的黄体素、玉米黄质可以抗眼睛老化。

胡萝卜鸡丝粥

原料： 粳米 150 克，鸡肉丝 50 克，胡萝卜丝 50 克，高汤、葱末、酱油、淀粉、食用油、盐、味精、胡椒粉、香油各适量。

制作方法

1. 粳米洗净，浸泡 30 分钟；鸡肉丝加入酱油、淀粉、清水腌制；粳米慢熬成粥。

2. 锅内下食用油烧热，加入鸡丝、胡萝卜丝炒熟，再加高汤、盐和味精调味。

3. 将鸡丝、胡萝卜丝倒入米粥拌匀，淋香油，撒胡椒粉、葱末即可。

玉米煎蛋烙

原料： 鸡蛋 5 个，面粉 200 克，玉米粒 50 克，黄瓜粒、枸杞子各 10 克，食用油 15 毫升，盐 3 克，糖 20 克，橙汁适量。

制作方法

1. 面粉加水、玉米粒、鸡蛋液（打散）、黄瓜粒、枸杞子、盐、糖、橙汁，调成面糊。

2. 锅内下食用油烧热，倒入面糊摊匀，小火煎熟，铲起切块装盘即可。

豆腐乳空心菜

原料： 空心菜 500 克，豆腐乳（白）30 克，蒜末、姜末、食用油、盐、酱油、料酒、糖各适量。

制作方法

1. 把空心菜洗干净，切大段；豆腐乳捣碎。

2. 锅内倒食用油烧热，下入空心菜、蒜末、姜末，用大火翻炒片刻。

3. 加入适量的盐、酱油、料酒、糖、豆腐乳，轻轻搅匀，出锅装盘即可。

小贴士： 烹调胡萝卜时尽量不要加醋，否则不仅影响口味，还会导致胡萝卜素流失。

枸杞子粥 + 清蒸带鱼 + 醋熘白菜

营养分析：枸杞子有益气安神、补肾益血之功效。

枸杞子粥

原料：枸杞子30克，粳米100克，食用油、盐各适量。

制作方法

1. 枸杞子、粳米分别洗净，共入锅。

2. 加适量清水和食用油同煮。

3. 大火煮沸，转小火熬成稀粥，加盐调味即可。

清蒸带鱼

原料：带鱼500克，葱末、姜末、蒜末、花椒、料酒、酱油、香油、香菜各适量。

制作方法

1. 把带鱼切成块状，洗净，然后在两面剞十字花刀，切段；葱、姜、蒜、花椒分别切末。

2. 带鱼段装盘，放上葱末、姜末、蒜末、花椒末、香菜、料酒、酱油等调味料，上蒸笼蒸15分钟，出笼，淋上香油即可。

醋熘白菜

原料：白菜500克，盐、酱油、醋、干红辣椒、香油、水淀粉、糖、葱、食用油各适量。

制作方法

1. 白菜洗净，从中间切开，然后片成薄片；葱切片，干红辣椒洗净，剪块。

2. 锅中倒入食用油，烧至五成热，放入干红辣椒，爆出香味，放入葱，随后倒入白菜翻炒1分钟。

3. 依次放入醋、酱油、糖、盐，翻炒3分钟，待白菜出汤后，用水淀粉勾芡，淋入香油，翻炒即可。

小贴士：醋熘白菜用陈醋口味更佳。

玉米是禾本科植物玉蜀黍的种子，原产于墨西哥和秘鲁，16世纪传入我国，目前全国各地都有种植，尤以东北、华北和西南各省较多。玉米是粗粮中的保健佳品，对人体的健康颇为有利。

食用性质：味甘，性平

主要营养成分：碳水化合物、蛋白质、脂肪、胡萝卜素、维生素 B_2

购存技巧

选购包叶玉米要选翠绿色、沉甸甸的，这种玉米才新鲜美味；如果选购没有包叶的玉米，要以手碰触玉米果穗，如果感觉不饱满、有凹陷，没有光泽，即表示该玉米不新鲜。

玉米可用塑胶袋或保鲜膜包好，置于冰箱冷藏，一般可保存3天，以直立冷藏效果较佳。

营养功效

玉米中含有较多的谷氨酸，有健脑作用，能促进脑细胞功能；在人的生理活动过程中，能清除体内废物，帮助脑组织中氨的排除，故常食可健脑。

玉米中含有维生素E，有促进细胞分裂、延缓衰老、降低血清胆固醇、防止皮肤病变的功能，还能减轻动脉硬化，延缓脑功能衰退。

玉米中的膳食纤维含量很高，具有促进胃肠蠕动、加速粪便排泄的特性，可防治便秘、肠炎、肠癌等。玉米中所含的胡萝卜素，被人体吸收后能转化为维生素A，具有一定的防癌作用。

饮食宜忌

玉米适宜脾胃气虚、气血不足、营养不良，动脉硬化、高血压、高脂血症、冠心病、心血管疾病、肥胖症、脂肪肝、癌症、记忆力减退、习惯性便秘、慢性肾炎水肿患者以及中老年人食用。

干燥综合征、糖尿病、更年期综合征患者中属阴虚火旺者，忌食爆玉米花，食之易助火伤阴。

玉米胡萝卜粥 + 黑木耳拌鸡片 + 板栗烧菜心

营养分析：多吃玉米能抑制一些药物对人体的副作用，刺激大脑细胞，增强人的脑力。黑木耳对胆结石、肾结石等内源性异物有比较显著的化解作用。

玉米胡萝卜粥

原料：玉米粒 250 克，胡萝卜丁 180 克，粳米 100 克，食用油、盐各适量。

制作方法

1. 粳米洗净，加食用油、盐浸泡 30 分钟。

2. 沙锅内加适量清水，加玉米粒、粳米，以大火煮沸，加胡萝卜丁，转小火煮至粥成，加盐调味即可。

黑木耳拌鸡片

原料：鸡肉 200 克，水发黑木耳 150 克，辣椒 10 克，柠檬汁、姜汁、食用油、盐、醋各适量。

制作方法

1. 鸡肉切片，煮熟后浸冰水至冻透；黑木耳洗净，撕开，煮熟后放入冰水中冻透。

2. 把鸡片、黑木耳和辣椒一同放入容器内，倒入醋、盐、食用油、柠檬汁和姜汁，拌匀即可。

板栗烧菜心

原料：菜心 500 克，板栗肉 250 克，淀粉、味精、盐、香油、食用油各适量。

制作方法

1. 将板栗肉切成片；白菜洗净。

2. 炒锅内放入食用油烧至五成热，放入板栗炸 2 分钟至金黄色时，倒入漏勺沥油，盛入小瓦钵内，加盐，上笼蒸 10 分钟。

3. 炒锅下食用油烧至八成热，放入菜心，加盐、味精煸炒，用水淀粉勾稀芡，和板栗一起盛入盘中，淋入香油即可。

小贴士：玉米忌和田螺同食。尽量避免与牡蛎同食，否则会阻碍锌的吸收。

五色炒玉米 + 珍珠鲤鱼 + 双菇豆腐

营养分析： 鲤鱼的脂肪多为不饱和脂肪酸，能很好地降低胆固醇，可以防治动脉硬化、冠心病。

五色炒玉米

原料： 玉米400克，茭白、荷兰豆、香菇、红辣椒、竹笋、食用油、葱末、姜末、料酒、盐、味精、鲜汤、鲜奶油各适量。

制作方法

1. 香菇用温水泡发软；茭白、红辣椒、竹笋洗净，切小丁；姜洗净成末。

2. 茭白、玉米粒、荷兰豆、香菇、红辣椒一起余水烫透，捞出，沥水。

3. 炒锅置火上，注入适量食用油烧热，下入葱、姜末炝锅，烹料酒，添鲜汤，加盐、味精、鲜奶油，用锅铲拌均，下入上述五色材料，用大火翻炒均匀至入味，出锅装盘即可。

珍珠鲤鱼

原料： 鲤鱼400克，青菜100克，清汤、鸡蛋清、葱、姜、蒜、花椒水、盐、味精、食用油、料酒各适量。

制作方法

1. 鲤鱼去鳞及肠杂，洗净，头尾分开，用葱、姜、蒜、花椒水、盐、味精、食用油、料酒调味，蒸熟后去骨，肉剁成泥放在碗内，加清汤、鸡蛋清拌匀，挤成丸子；青菜洗净，入沸水中余熟，待用。

2. 坐锅点火，倒入清水烧开，放丸子煮沸片刻，装盘待凉，摆放在头尾中间，加入盐、花椒水，入蒸笼，用大火蒸20分钟，出笼把青菜摆在鱼的两侧即成。

双菇豆腐

原料： 豆腐450克，金针菇、鲜香菇各50克，食用油、胡椒粉、糖、香油、盐、味精、葱各适量。

制作方法

1. 豆腐切成长方条；香菇去蒂，切成细丝；金针菇去根切成段；葱洗净切细丝。

2. 炒锅倒入食用油，烧至七成热，放入豆腐条，小火煎至两面呈金黄色，捞出沥油待用。

3. 另起锅热油，放入豆腐条、香菇丝、金针菇，加入糖、胡椒粉、盐、水、味精，煮沸后淋入香油，撒上葱丝即可。

小贴士： 金针菇烹调前可先放入沸水锅内烫一下。

小米又名粟，古代叫禾，是一年生草本植物。我国北方通称谷子，去壳后叫小米，它性喜温暖，适应性强。起源于黄河流域，在我国已有悠久的栽培历史，现主要分布于华北、西北和东北各地区。

食用性质：味甘，性凉

主要营养成分：碳水化合物、胡萝卜素、蛋白质、B族维生素、钙、钾、铁、纤维素

购存技巧

正常的小米米粒大小、颜色均匀，呈乳白色、黄色或金黄色，有光泽，很少有碎米，无虫，无杂质。

通常将小米放在阴凉、干燥、通风较好的地方。储藏前水分过多时，不能曝晒，可阴干。小米易遭蛾类幼虫的危害，发现后可将上部生虫部分排出单独处理。在容器内放1袋新花椒即可防虫。

营养功效

一般粮食中不含有胡萝卜素，但小米中含有。小米中维生素 B_1 的含量位居所有粮食之首。在我国北方，许多妇女在生育后，都有用小米加红糖来调养身体的传统习俗。用小米来熬粥营养也十分丰富，素有"代参汤"的美称。

现代医学认为，小米有防治消化不良、反胃、呕吐、滋阴养血的功效，可以使产妇虚寒的体质得到调养，帮助她们恢复体力。

中医认为小米有清热解渴、健胃除湿、和胃安眠的功效。《本草纲目》说，小米"治反胃热痢，煮粥食，益丹田，补虚损，开肠胃"。发芽的小米和麦芽一样，含有大量酶，是一味中药，有健胃消食的作用。

饮食宜忌

人人都可食用，是老人、病人、产妇宜用的滋补品。

小米营养虽好，但产妇不能完全以小米为主食，应注意营养搭配，以免缺乏其他营养的摄入。

鲜菇小米粥 + 西蓝花蛋饼 + 炒白花藕

营养分析：平菇含有硒、多糖体等物质，对肿瘤细胞有很强的抑制作用。榨菜的成分主要是蛋白质、胡萝卜素、膳食纤维、矿物质等，有"天然鸡精"之称。

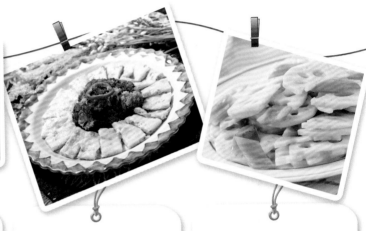

鲜菇小米粥

原料：小米 100 克，鲜平菇片 50 克，粳米 50 克，葱末 3 克，盐 2 克。

制作方法

1. 粳米、小米分别淘洗干净，用冷水浸泡 30 分钟，捞出，沥干水分。

2. 锅中加入水，将粳米、小米放入，用大火煮沸，再改用小火熬煮。

3. 待再煮沸，加入鲜平菇拌匀，放盐调味，再煮 5 分钟，撒上葱末，即可。

西蓝花蛋饼

原料：鸡蛋 3 个，西蓝花 50 克，榨菜 10 克，食用油 20 毫升，盐 5 克。

制作方法

1. 西蓝花洗净、切成小朵；榨菜丝切末。

2. 西蓝花用沸水烫熟，摆入碟中；鸡蛋打散，加入盐、榨菜末拌匀。

3. 锅内下食用油烧热，倒入鸡蛋液，小火煎成蛋饼，铲起切成块，摆在西蓝花的周围即可。

炒白花藕

原料：莲藕 200 克，青椒片 50 克，蒜薹段 20 克，食用油、盐、味精各适量。

制作方法

1. 藕去节、去皮，切成片，放在清水中浸泡，洗掉切口的淀粉。

2. 锅内倒食用油烧热，下入青椒片、蒜薹段略炒，加盐、醋炒匀。

3. 加适量料酒、藕片，炒至藕片九成熟时，加味精调味，出锅装盘即可。

小贴士：榨菜要清洗干净，以免太咸；煎蛋时火不宜太大。

小米鱼肉粥 + 蛋皮虾仁卷 + 客家三杯鸡

营养分析： 鸡肉蛋白质的含量比例较高，对营养不良、畏寒怕冷有较好的疗效。

小米鱼肉粥

原料： 鱼肉 100 克，小米 30 克，大米 50 克，盐适量。

制作方法

1. 大米淘洗净，用清水浸 1 小时后下锅加水煲，煮沸后用小火煲至稀糊。

2. 将小米倒进粥里，拌匀，煲片刻；鱼蒸熟，去骨，肉捣碎后放入粥内，加少许盐调味即可。

蛋皮虾仁卷

原料： 鸡蛋 5 个，虾仁 150 克，食用油、盐、淀粉各适量。

制作方法

1. 虾仁切碎，和食用油、盐、水淀粉拌匀；鸡蛋打散搅匀。

2. 起锅倒入食用油，下鸡蛋液，小火煎成蛋皮。

3. 虾仁用蛋皮卷起，蛋皮相接处抹水淀粉糊牢，入蒸笼蒸 15 分钟，取出切段即可。

客家三杯鸡

原料： 光鸡 700 克，香菇 30 克，辣椒 15 克，葱段、蒜、食用油、糖、料酒、酱油、淀粉、香油、盐各适量。

制作方法

1. 光鸡洗净斩块，加入料酒、酱油、淀粉、盐腌制 15 分钟；辣椒去蒂洗净，切成圈；香菇泡发，去蒂切成块；蒜切末。

2. 锅内加食用油烧热，下蒜末爆香，放入鸡块炒至刚熟，下入香菇、辣椒圈、葱段、料酒、香油、酱油炒匀，盖上锅盖，先用大火煮沸，再改小火焖至汤汁快干时，加糖调味即可。

小贴士： 烹制虾仁之前，可先用料酒、葱、姜与虾仁一起浸泡片刻。

黑豆为豆科植物大豆的黑色种子，与黄大豆间种，表面黑色或灰黑色，有光泽，一侧有淡黄白色长椭圆形种脐，质坚硬。黑豆具有高蛋白、低热量的特性，药食俱佳，有"豆中之王"的美称。

食用性质：味甘，性平

主要营养成分：蛋白质、维生素、锌、铜、镁、钼、硒、氟

购存技巧

选购黑豆时，以豆粒完整、大小均匀、颜色乌黑者为好。由于黑豆表面有天然的蜡质，会随存放时间的延长而逐渐脱落，所以表面有研磨般光泽的黑豆不要选购。

黑豆宜存放在密封罐中，置于阴凉处保存，不要让阳光直射。还需注意的是，因豆类食品容易生虫，购回后最好尽早食用。

营养功效

中医认为，黑豆性平、味甘，具有补肾益阴、消肿下气、润肺清燥、活血利水、祛风除痹、补血安神、明目健脾、解毒的作用，可用于水肿胀满、风毒脚气、黄疸浮肿、风痹痉挛、产后风疼、口噤、痈肿疮毒，还可解药毒，制风热而止盗汗，多食可乌发黑发，延年益寿。

黑豆中微量元素如锌、铜、镁、钼、硒、氟等的含量都很高，而这些微量元素对延缓人体衰老、降低血液黏稠度等非常重要。

黑豆皮为黑色，含有花青素。花青素是很好的抗氧化剂来源，能清除体内自由基，尤其是在胃的酸性环境下，抗氧化效果好，养颜美容，增加肠胃蠕动。

饮食宜忌

适宜脾虚水肿者食用；适宜体虚者及小儿盗汗、自汗，尤其是热病后出虚汗者食用；适宜老人肾虚耳聋、小儿夜间遗尿者食用。

黑豆炒熟后热性大，多食者易上火，且不易消化，故不宜多食，特别是小儿消化能力较弱更应少食。

黑豆煮鱼 + 火腿油菜 + 素炒蛋黄豆腐

营养分析：油菜为低脂肪蔬菜，且含有膳食纤维，能与胆酸盐和食物中的胆固醇及甘油三酯结合，并从粪便排出，从而减少脂类的吸收，故可用来降血脂。蛋黄中的卵磷脂可促进肝细胞再生和提高人体血浆蛋白的含量，能促进机体的新陈代谢，增强免疫力。

黑豆煮鱼

原料：黑豆 100 克，鱼肉片 500 克，胡萝卜片、姜片、葱花、盐、茴香粉、香油、料酒各适量。

制作方法

1. 将黑豆洗净，加入 600 毫升水蒸熟。

2. 将黑豆放入小锅中炖煮，并加入鱼片、姜片以及葱花、盐、料酒、茴香粉、胡萝卜片，炖煮至鱼肉熟透，再淋上香油即可。

火腿油菜

原料：油菜段 500 克，火腿片、料酒、高汤、食用油、葱段、味精、盐各适量。

制作方法

1. 锅内下食用油烧热，下入火腿炒出香味，捞起。

2. 炒锅留底油烧热，倒入油菜心段爆炒至八成熟，加高汤、盐、料酒，加火腿、葱段、味精炒匀，出锅装盘即可。

素炒蛋黄豆腐

原料：豆腐丁 300 克，鸡蛋 1 个，食用油、盐、味精、胡椒粉、清汤、葱花各适量。

制作方法

1. 鸡蛋取蛋黄打散，加盐、清汤拌匀，上屉蒸熟取出。

2. 锅内放食用油烧热，下入蛋黄炒散，加盐、味精、胡椒粉翻炒 1 分钟，铲起蛋黄放在豆腐上，再撒少许葱花即可。

小贴士：油菜需大火爆炒，这样既可保持鲜脆，又可使营养成分不被破坏。

黑豆莲藕乳鸽汤 + 茭白炒肉片 + 脆皮豆腐

营养分析：茭白含有丰富的有解酒作用的维生素等营养物质，有解酒醉的功用。

黑豆莲藕乳鸽汤

原料：莲藕 500 克，乳鸽 500 克，盐、陈皮、黑豆、红枣各适量。

制作方法

1. 将黑豆放入铁锅中，干炒至豆衣裂开，再洗干净，晾干水，备用。

2. 乳鸽剖洗干净，去毛、内脏，备用；莲藕、陈皮和红枣分别洗干净，莲藕切件，红枣去核，备用。

3. 瓦煲内加入适量清水，先用大火煲至水滚，然后放入以上全部材料，改用中火煲 3 小时，加入适量盐调味即可饮用。

茭白炒肉片

原料：肉片 200 克，茭白 200 克，辣椒 30 克，盐、食用油、料酒、酱油、姜片、葱花各适量。

制作方法

1. 肉片用盐、料酒腌制 15 分钟待用；茭白洗净，去皮去根，切片；辣椒洗净，切段。

2. 锅中放底油，加热，加姜片爆香一下，倒入腌制好的肉片煸炒发白，然后加入酱油、料酒煸炒，盛盘待用。

3. 锅中放食用油烧热，入茭白大火煸炒，加盐煸炒至茭白发软，放辣椒翻炒，倒入肉片，炒匀，撒葱花，装盘即可。

脆皮豆腐

原料：豆腐 450 克，芹菜 50 克，红椒 20 克，葱、醋、姜、生抽、糖、蒜、食用油、豆瓣酱各适量。

制作方法

1. 豆腐用温盐水泡 10 分钟，沥干后切长条；芹菜去叶洗净，切段；红椒、姜切丝；葱切段；蒜切片。

2. 将豆瓣酱剁碎，用食用油炒香，下姜丝和蒜瓣片煸香，放入豆腐，加糖、生抽、水炒匀，盖上盖子焖至豆腐入味。

3. 下入芹菜段、红椒丝翻炒至断生，撒上葱段，淋入醋即可。

小贴士：黑豆煲汤一般要将其煮烂，否则食用时会造成胀肚或消化不良。

荞麦

　　荞麦为蓼科植物荞麦的种子，在全国各地均有分布和栽培，尤以北方为多。荞麦具有很高的营养价值，被誉为"21世纪最重要的食物资源"。它食味清香，很受人们欢迎，还可用于酿酒，酒色清澈，久饮益于强身健体。

食用性质：味甘，性平

主要营养成分：蛋白质、碳水化合物、膳食纤维、镁、钾、铁

购存技巧

　　选购荞麦时，应注意挑选大小均匀的荞麦，大小不一的有可能是好坏掺合在一起销售的。应挑选颗粒饱满的荞麦，干瘪的可能是放了很长时间或者是没有发育好的，其营养价值大打折扣。最后要挑选具有光泽的荞麦。

　　荞麦应在常温、干燥、通风的环境中储存。

营养功效

　　荞麦是老、弱、妇、孺皆宜的食物，尤其适合糖尿病患者食用。糖尿病患者食用荞麦（特别是苦荞）后，血糖、尿糖含量都会有不同程度的下降。

　　荞麦中的膳食纤维可延缓餐后血糖的上升速度，其中的色氨酸、维生素 B_1、维生素 B_2 可辅助糖类代谢。荞麦含有的芸香素可促进胰岛素分泌；镁可强化胰岛素功能。

　　荞麦中的铬，更是一种理想的降糖物质，能增强胰岛素的活性，加速糖代谢，促进脂肪和蛋白质的合成；还能抑制血块的形成，具有抗血栓的作用。

饮食宜忌

　　荞麦适宜食欲不振、肠胃积滞、慢性泄泻者食用，糖尿病患者宜多食用。

　　脾胃虚寒、畏寒便溏者不宜食用荞麦。

荞麦凉面 + 豆腐皮炒韭菜 + 鲜榨果蔬汁

营养分析： 荞麦凉面可清热解毒、补虚健脾、降糖降脂，适用于各类型的糖尿病患者，特别适用于并发便秘的中老年糖尿病患者。豆腐皮含有多种矿物质，能补充钙，防止因缺钙引起的骨质疏松，促进骨骼发育，对小儿、老人的骨骼生长极为有利。

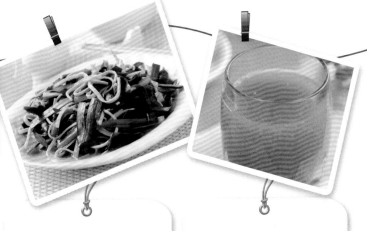

荞麦凉面

原料： 荞麦面条 100 克，熟牛肉片 50 克，黄瓜块、番茄片各 20 克，生抽、醋、香油、辣酱各适量。

制作方法

1. 将荞麦面条煮熟，过凉开水，沥干，装盘，加适量香油拌一下。

2. 将生抽、醋、香油、辣酱放在一起加凉开水，调制成酱汁。

3. 将酱汁浇在拌好的面条上，拌匀，放上牛肉片、番茄片及黄瓜块即可。

豆腐皮炒韭菜

原料： 韭菜段 400 克，豆腐皮丝 150 克，食用油、盐、白糖、酱油、味精、高汤各适量。

制作方法

1. 锅内下食用油烧热，放入高汤、豆腐皮丝，加盐、白糖、酱油、味精，用小火慢慢翻炒 5 分钟。

2. 使豆腐皮丝完全吸收汤味，再放入韭菜段继续炒熟，出锅装盘即可。

鲜榨果蔬汁

原料： 生姜 2 克，苹果 1 个，菠萝半个。

制作方法

1. 生姜、菠萝分别洗净，去皮，切薄片；苹果洗净，切块。

2. 取榨汁机，开机，先放生姜榨汁，倒出；再投入苹果块、菠萝片搅拌榨汁。

3. 生姜汁、苹果菠萝汁，一起混合搅拌，直到起泡，即可。

小贴士： 豆腐皮炒韭菜，韭菜要最后放入锅内，这样才不会因过熟影响它的香味。

韩式荞麦面 + 锅烧鸭块 + 手撕卷心菜

营养分析： 卷心菜富含吲哚类化合物、萝卜硫素、维生素U和叶酸等成分，具有益心力、壮筋骨等功效。

韩式荞麦面

原料： 荞麦面180克，萝卜50克，牛肉200克，鸡蛋1个，黄瓜、辣白菜、葱、姜、桂皮、大料、苹果、胡椒粉、辣椒油、冰糖、柠檬汁、生抽、芝麻各适量。

制作方法

1. 将葱、姜、桂皮、大料、萝卜、牛肉加水，小火煮1小时，加胡椒粉，滤成清汤，加冰糖、生抽、黄瓜片、苹果、柠檬汁浸泡约两天。

2. 煮熟荞麦面，泡凉，加熟蛋、苹果片、辣白菜、熟牛肉片、萝卜丝、鲜黄瓜丝，加清汤、辣椒油，撒芝麻即可食用。

锅烧鸭块

原料： 鸭肉200克，鸡蛋黄70克，椒盐、食用油、淀粉、面粉、盐、料酒、大料、花椒、葱、姜、桂皮各适量。

制作方法

1. 洗净鸭肉，加盐、料酒、大料、花椒、葱、姜、桂皮上笼蒸熟，取出晾凉，切成长条块；淀粉加适量水调匀成水淀粉。

2. 碗内放入蛋黄、淀粉、面粉及适量清水，搅成较浓的蛋粉糊，放入鸭块上浆。

3. 炒锅热油，投入鸭块，炸至金黄色时捞出装盘，带椒盐上桌即可。

手撕卷心菜

原料： 卷心菜650克，干辣椒、花椒、蒜末、香菜、食用油、生抽、盐各适量。

制作方法

1. 卷心菜洗净，摘去老叶，撕成片状；干辣椒切成丁。

2. 炒锅置火上，注入适量食用油烧热，下入蒜末、干辣椒和花椒炒香，倒入卷心菜，大火快炒至菜叶稍软，加生抽和盐炒匀入味，盛入盘中，放上香菜叶做点缀即可。

小贴士： 卷心菜遇热会出水，炒时不宜加水，否则会不够鲜甜。

莲子

莲子为睡莲科植物莲成熟的种子，是常见的食疗之品，有很好的滋补作用。古人认为莲子"享清芳之气，得稼穑之味，乃脾之果也"，经常服食，百病可祛。

食用性质：味甘、涩，性平

主要营养成分：蛋白质、脂肪、碳水化合物、钙、磷、钾

购存技巧

选购时以个大、饱满、颗粒均匀整齐者为佳。漂白过的莲子泛白，颜色一致；市面销售的干莲子，有的经过了硫磺处理，对人体健康不利。晒干或烘干的莲子颜色不太统一，有点带黄色。

鲜莲子比较难保存，可放进冰箱急冻，但保存时间也不长。莲子保存时应经常翻晒，或者与花椒一起贮存。

营养功效

莲子含棉子糖，是老少皆宜的滋补品，对于久病、产后或老年体虚者来说，更是常用的营养佳品。

莲子所含的物质有降血压作用；莲子有平抑性欲的作用，青年人梦多、遗精频繁或滑精者，服食莲子有良好的止遗涩精作用。

莲子心所含的生物碱具有显著的强心作用，能扩张外周血管，降低血压；还有很好的祛心火的功效，可以治疗口舌生疮，并有助于睡眠；并有较强的抗钙及抗心律不齐作用。

莲子含有氧化黄心树宁碱，对鼻咽癌有抑制作用，并且善于补五脏不足，通利经脉气血，使气血畅而不腐，有防癌的营养保健功能。

饮食宜忌

一般人均可食用，尤其适宜体质虚弱、心慌、失眠多梦、遗精、脾气虚、慢性腹泻、癌症病人、放疗化疗病人、脾肾亏虚之白带过多者食用。

莲子的食用要适量，多食会损阳助湿。平素大便干结难解、腹部胀满者忌食。

莲子猪心汤 + 平菇鲫鱼 + 辣椒炒干丝

营养分析： 猪心能补虚、养心安神。平菇含有的多种维生素及矿物质，可以改善人体新陈代谢、增强体质、调节自主神经功能。豆腐干含有的卵磷脂，可除掉附在血管壁上的胆固醇，防止血管硬化、预防心血管疾病，保护心脏。

莲子猪心汤

原料： 猪心 1 个，猪瘦肉片 100 克，莲子 30 克，姜片、盐、鸡精各适量。

制作方法

1. 将猪心洗净，切片，余去血渍，倒出洗净。

2. 将莲子、猪心、猪瘦肉、姜片一起放入炖盅，加入适量沸水，大火煮沸，改用中火炖 2 小时，加盐、鸡精调味即可。

平菇鲫鱼

原料： 鲫鱼 500 克，平菇片 250 克，牛奶 100 毫升，菠菜、料酒、盐、香油、食用油、葱末、姜末、鲜汤、味精各适量。

制作方法

1. 鲫鱼剖洗干净；菠菜洗净。

2. 锅内下食用油烧热，放入葱末、姜末煸香，加入鲜汤、牛奶、鲫鱼、平菇、盐、料酒，烧沸后改为小火炖至鲫鱼熟透、入味。

3. 加入菠菜稍煮，加味精，淋入香油即可。

辣椒炒干丝

原料： 豆腐干 400 克，辣椒 100 克，青椒 30 克，盐、酱油、糖、花椒油、食用油各适量。

制作方法

1. 辣椒、青椒分别去子，切成细丝；豆腐干切丝。

2. 锅内下食用油烧热，下入豆腐干丝略炒。

3. 下入辣椒丝、青椒丝，调入酱油、盐、糖，用大火翻炒片刻，下入花椒油，稍炒片刻，铲起装盘即可。

小贴士： 鲫鱼是一年四季都有供应的食材，不管是在市场上还是在超市里都能买到。

莲子山药鹌鹑汤 + 粉蒸牛肉 + 红焖冬瓜

营养分析：鹌鹑汤可补脾止泻，益肾固精，养心安神。

莲子山药鹌鹑汤

原料：莲子 50 克，山药 50 克，鹌鹑 400 克，蜜枣、盐、姜各适量。

制作方法

1. 莲子去芯，洗净，浸泡 1 小时；山药洗净，浸泡 1 小时；蜜枣洗净；姜切片；鹌鹑去毛、内脏，洗净余水。

2. 将清水 2000 毫升放入瓦煲内，煮沸后加入上述用料，大火煲滚后，改用小火煲 3 小时，加盐调味即可。

粉蒸牛肉

原料：牛肉 400 克，大米 80 克，食用油、酱油、胡椒粉、辣椒粉、葱、姜、料酒、豆瓣酱、豆豉、香菜各适量。

制作方法

1. 大米炒黄磨成粗粉；葱切成葱花；豆豉剁碎；姜捣烂后用少许水泡；香菜切碎。

2. 牛肉切成薄片，用食用油、酱油、姜汁、豆豉、料酒、豆瓣酱、胡椒粉、大米粉等拌匀。

3. 将拌匀后的牛肉放入碗中上屉蒸熟，取出翻扣盘中撒上葱花，另用小碟盛香菜、辣椒粉、胡椒粉调成蘸料上桌。

红焖冬瓜

原料：冬瓜 400 克，香菇、姜片、葱段、食用油、盐、味精、糖、水淀粉、老抽、鸡汤各适量。

制作方法

1. 冬瓜去皮、去子，切大块；香菇切成片。

2. 烧锅热油，下入姜片爆香后，倒入香菇片翻炒片刻，添鸡汤、盐、味精、糖、老抽调味。

3. 下入冬瓜块焖至熟透，用水淀粉勾芡，加葱段，出锅装盘即可。

小贴士：冬瓜极易腐烂变质，要注意保存。

山楂

山楂为蔷薇科落叶灌木或小乔木植物野山楂或山里红的果实，味酸甜，有很高的营养和医疗价值。因老年人常吃山楂制品能增强食欲、改善睡眠，保持骨和血中钙的恒定，使人延年益寿，故山楂又被人们视为长寿食品。

食用性质： 味甘，性微温

主要营养成分： 黄酮类、维生素C、胡萝卜素

购存技巧

想要挑选甜的山楂，应选形状近似正圆、表皮上果点小而光滑的。

山楂切片后泡在蜂蜜里，在冰箱中可以存放几个月。或者切片后晒干，可以用于泡水。

营养功效

山楂所含的黄酮类和维生素C、胡萝卜素等物质，能阻断并减少自由基的生成，能增强机体的免疫力，有防衰老、防癌的作用。

山楂能防治心血管疾病，具有扩张血管、增加冠脉血流量、改善心脏活力、兴奋中枢神经系统、降低血压和胆固醇、软化血管及利尿和镇静作用。

山楂能开胃消食，对消肉食积滞作用更好，很多助消化的药中都采用了山楂。山楂有活血化淤的功效，有助于解除局部淤血状态，对跌打损伤有辅助疗效。山楂中含有平喘化痰、抑制细菌、治疗腹痛腹泻的有效成分。

饮食宜忌

山楂适宜消化不良者、心血管疾病患者、癌症患者、肠炎患者食用。

孕妇偶尔吃1~2个山楂开胃没什么问题，但不能每天大量食用，因为它会刺激子宫收缩，有可能诱发流产。儿童正处于牙齿更替时期，长时间食用山楂或山楂制品，对牙齿生长不利。山楂具有降血脂的作用，血脂过低者不宜多吃。

首乌山楂鸡肉汤 + 黄瓜炒鸡蛋 + 酱焖四季豆

营养分析：首乌能补肝肾，降低血清胆固醇，缓解动脉粥样硬化。山楂活血散淤，能扩张血管，增加冠状动脉流量。黄瓜中的黄瓜酶有很强的生物活性，能有效地促进机体的新陈代谢；用黄瓜捣汁涂擦皮肤，有润肤、舒展皱纹的功效。四季豆富含多种氨基酸，经常食用能健脾利胃，增进食欲。

首乌山楂鸡肉汤

原料：山楂 15 克，首乌 15 克，鸡肉块 500 克，姜片、盐、鸡精各适量。

制作方法

1. 山楂、首乌分别洗净；鸡肉洗净，斩块，氽水，捞出洗净。

2. 将鸡肉块、首乌、山楂、姜片一起放入沙锅内，加入适量清水，大火煮沸，改小火煲 1.5 小时，加盐、鸡精调味即可。

黄瓜炒鸡蛋

原料：鸡蛋 5 个（打散），黄瓜片 200 克，胡萝卜丝 5 克，鸡精 3 克，盐 5 克，料酒 10 毫升，食用油 50 毫升，淀粉适量。

制作方法

1. 锅内下食用油烧热，入蛋液炒熟，推至锅边，再加入食用油待热。

2. 投入黄瓜片，和鸡蛋一起炒匀，加入料酒、鸡精、盐，用淀粉勾芡，撒胡萝卜丝即可。

酱焖四季豆

原料：四季豆段 400 克，葱末、姜末、蒜片、食用油、酱油、甜面酱、糖、味精各适量。

制作方法

1. 将四季豆洗净，对切成两段。

2. 炒锅加适量食用油烧热，下入葱末、姜末、蒜片煸出香味，下入四季豆段翻炒一下，加酱油、甜面酱、糖及少量开水，用大火煮沸，再放入味精烧至入味，出锅装盘即可。

小贴士：孕妇不宜饮用首乌山楂鸡肉汤。

山楂焖鸡翅＋四季豆腐＋芡实猪肉汤

营养分析：山楂含有较多的有机酸，具收敛及化淤消滞作用。

山楂焖鸡翅

原料：鸡翅 500 克，山楂 15 个、葱花、姜片、盐、味精、糖、料酒、酱油、淀粉、食用油各适量。

制作方法

1. 鸡翅洗净，斩成段，用适量料酒、酱油拌匀，腌 10 分钟，沥去汁水；山楂洗净，切两半，去核待用。

2. 油锅入油烧至七成热时，将鸡翅沾些淀粉入油炸，炸至枣红色时捞出控油。

3. 锅内留底油，入葱花、姜片煸香，添清水适量，入炸鸡翅、山楂，加酱油、糖、盐、味精，煮沸后加盖，改小火焖 15 分钟，再改大火，收汁即成。

四季豆腐

原料：豆腐 450 克，水发黑木耳 50 克，熟笋、酱油、葱段、盐、水淀粉、食用油各适量。

制作方法

1. 豆腐切块，下冷水锅中煮沸捞起，沥干；熟笋切成薄片。

2. 炒锅热油，把豆腐在水淀粉中滚一下，随即下锅，炸至金黄色时，用漏勺捞起，沥去油。

3. 锅内余油烧热，再放笋片、黑木耳、葱段煸炒，加入炸豆腐、酱油、盐翻炒，然后用水淀粉勾芡，迅速翻炒均匀即可。

芡实猪肉汤

原料：节瓜 500 克，猪瘦肉 200 克，芡实、豆腐、蒜、盐各适量。

制作方法

1. 猪瘦肉切成厚片；节瓜刮去表皮、茸毛，洗干净，切成块状，备用。

2. 将芡实和蒜放入瓦煲内，加入适量清水，先用大火煲至水滚，再改用中火煲 2 小时。

3. 再放入节瓜、豆腐和猪瘦肉，煲 1 小时，加入适量盐调味即可。

小贴士：老节瓜和嫩节瓜均可供炒、煮食或作汤用，但以嫩瓜为佳。

Part ③

一周营养
晚餐推荐

周一

蛋炒丝瓜 + 蚝油豆腐 + 玉竹老鸭汤

营养分析：丝瓜味甘、性凉，具有消热化痰、凉血解毒、解暑除烦、通经活络、祛风的功效。蚝油富含牛磺酸，具有增强人体免疫力等多种保健功能。

蛋炒丝瓜

原料：丝瓜 250 克，鸡蛋 150 克，食用油、香油、盐、味精、葱段各适量。

制作方法

1. 将鸡蛋磕入碗内，加适量盐搅拌均匀；丝瓜去皮，洗净，切成滚刀块。

2. 锅内放食用油烧热，下入葱段炝锅，爆出香味，放入丝瓜炒熟，倒入鸡蛋液翻炒，加入盐搅匀，淋入香油，撒入味精即可。

蚝油豆腐

原料：豆腐丁 500 克，黑木耳块 5 克，花椒、葱花、姜片、食用油、蚝油、酱油、清汤、淀粉、香油各适量。

制作方法

1. 锅内下食用油烧热，放入花椒、姜片炒至呈黄色，捞出不用，倒入蚝油、酱油和清汤煮沸。

2. 放入豆腐丁和黑木耳，用小火烧至汤汁将尽时，下淀粉勾芡，淋入香油，撒上葱花即可。

玉竹老鸭汤

原料：玉竹 30 克，老鸭腿肉 200 克，枸杞子 10 克，黄芪 5 克，盐适量。

制作方法

1. 老鸭腿肉洗净，切块，用清水泡 30 分钟，捞出沥干；玉竹、枸杞子、黄芪洗净。

2. 老鸭腿肉块余水，备用。

3. 沙锅内放入鸭腿肉、玉竹、枸杞子、黄芪和适量清水，用中火煲沸，换小火炖 1 小时，放盐调味即可。

小贴士：鸭子煲汤时最好去皮，否则会过于油腻。

黑椒牛柳 + 焖油菜心 + 莴笋豆腐羹

营养分析： 洋葱不含脂肪，其精油中含有可降低胆固醇的含硫化合物的混合物，能刺激胃、肠及消化腺分泌，增进食欲，促进消化。

黑椒牛柳

原料： 牛柳 250 克，洋葱 100 克，青椒、红辣椒、黑胡椒碎、葱、姜、蒜、淀粉、蛋清、生抽、盐、食用油各适量。

制作方法

1. 牛柳洗净切片，用蛋清和淀粉腌上备用；青椒、红辣椒和洋葱洗净切滚刀块；葱、姜、蒜剁成碎末。

2. 炒锅热油，下入葱、蒜、姜翻炒出香味，加入腌好的牛柳片翻炒至变色后盛出。

3. 锅中另倒少许食用油，下洋葱、青椒、红辣椒翻炒片刻，将刚才炒变色的牛柳下锅，加入黑胡椒碎、盐和生抽，一起翻炒 2 分钟左右即可。

焖油菜心

原料： 油菜心 500 克，猪瘦肉 60 克，竹笋 30 克，鲜香菇 15 克，食用油、酱油、盐、香油、糖、料酒、鲜汤各适量。

制作方法

1. 将油菜心摘去老叶，取其菜心，切除老根，洗净、切段；猪瘦肉、香菇、竹笋洗净，切片。

2. 炒锅热油，下入油菜心段，滑至变色转软时，捞起沥干油。

3. 另起锅热油，倒入肉片，拌炒至断生，再倒入香菇片、笋片，翻炒，放入油菜心，加入料酒、酱油、糖、盐、鲜汤，煮沸后改用小火加盖焖烧片刻，使之入味即可。

莴笋豆腐羹

原料： 豆腐 250 克，莴笋 250 克，姜、味精、盐、食用油各适量。

制作方法

1. 莴笋洗净后，切 4 厘米长片；姜切丝；豆腐切 1 厘米的厚块。

2. 食用油烧热后，放姜丝爆炒出香味，加半碗水，放莴笋，立即加盖，2 分钟后打开。

3. 放入豆腐、味精、盐，翻炒几下即可。

小贴士： 滑油菜心时，油温不宜过高。

周二

台湾麻油鸡 + 韭菜炒银鱼 + 凉拌苦瓜

营养分析：冰糖性平，味甘，入肺、脾经，有补中益气、养阴生津、润肺止咳功效，对肺燥咳嗽、干咳无痰、咯痰带血等都有很好的辅助治疗作用。韭菜有散淤活血、行气导滞作用，适用于跌打损伤、反胃、肠炎、吐血、胸痛等症，还有助于疏调肝气、增进食欲、增强消化功能。

台湾麻油鸡

原料：鸡肉 900 克，料酒 30 毫升，姜片 10 克，冰糖 10 克，味精 2 克，食用油适量。

制作方法

1. 鸡斩块，入沸水锅中余去血污。

2. 锅内下食用油烧热，放入姜片爆香，入鸡肉拌炒，直至鸡肉约六成熟，下入料酒、味精、冰糖，炒至鸡肉熟即可。

韭菜炒银鱼

原料：银鱼干 100 克，韭菜 250 克，红辣椒、姜末、食用油、盐、味精、胡椒粉、花椒各适量。

制作方法

1. 银鱼干洗净；韭菜洗净、切段；红辣椒洗净、切丝。

2. 锅内下食用油烧热，入银鱼干略炒片刻，备用。

3. 另坐锅加热食用油，投入姜末、红辣椒、韭菜翻炒片刻，加银鱼干、盐、味精、胡椒粉、花椒调味炒匀即可。

凉拌苦瓜

原料：苦瓜 300 克，红椒 20 克，蒜、盐、糖、醋、香油各适量。

制作方法

1. 苦瓜洗净，对半切开，去蒂、瓤、子，切薄片，放在碗中加盐抓拌，并腌 20 分钟，捞出后沥干苦水。

2. 红椒洗净，切丝；蒜去皮，切末，放入碗中。

3. 加入苦瓜，再加入糖、醋搅拌均匀，淋上熟香油即可。

小贴士：在切辣椒时，先将刀在冷水中蘸一下，再切就不会辣眼睛。

剁椒皮蛋烧土豆 + 清蒸罗非鱼 + 白果苦瓜炖猪肚

营养分析：罗非鱼具有补胃养脾、祛风的功效。

剁椒皮蛋烧土豆

原料：皮蛋 3 个，土豆 300 克，姜、蒜、剁椒、盐、老抽、蚝油、糖、醋、胡椒粉各适量。

制作方法

1. 皮蛋入沸水锅中煮熟，待凉后切厚片；土豆去皮，切稍厚的片；姜、蒜切片。

2. 热锅热油，放姜片、蒜片爆香，倒入土豆片翻炒，加入剁椒、盐，炒至略有粘锅时，加水，盖上盖焖煮至土豆熟透，下入皮蛋片、老抽、蚝油、糖、醋、炒匀后放胡椒粉即可。

清蒸罗非鱼

原料：罗非鱼 600 克，红辣椒 25 克，盐、味精、香油、胡椒粉、料酒、葱、姜、食用油各适量。

制作方法

1. 罗非鱼取出内脏洗净，在鱼身上打十字花刀；姜洗净切成小段，放入鱼身上的划口内。

2. 将鱼放入大盘内，加入盐、味精、胡椒粉、料酒腌制 5 分钟，再放入蒸笼内蒸 10 分钟。

3. 最后将红辣椒、姜、葱切成丝撒在鱼身上，淋上刚热好的食用油即可。

白果苦瓜炖猪肚

原料：猪肚 300 克，白果 80 克，苦瓜 100 克，红枣、姜、盐、味精、料酒各适量。

制作方法

1. 猪肚处理干净切块；苦瓜去子切块；姜切片。

2. 锅内加水烧开，加入料酒、猪肚，用中火汆水，去净血污，倒出冲净。

3. 取炖盅一个，加入猪肚、白果、苦瓜、红枣、姜，调入盐、味精，注入清水炖 3 小时即可。

小贴士：皮蛋不要过早下入锅内，以免炒散了不好看。

周三 洋葱炒肉丝 + 海带煲乳鸽 + 火腿豆腐

营养分析：海带煲乳鸽富含B族维生素、葡萄糖、蛋白质、淀粉酶、氧化酶、铁、钙、磷等多种成分，具有清热解毒、利尿、消暑除烦、止渴健胃、利水消肿等功效。蒜中所含的大蒜素，具有明显的抵御细菌、病毒的作用。

洋葱炒肉丝

原料：猪前腿肉丝200克，洋葱丝200克，姜末、食用油、盐、味精、淀粉、酱油各适量。

制作方法

1. 将猪肉丝加食用油、盐、味精、淀粉、酱油拌匀；炒锅加入食用油烧热，倒入肉丝炒匀，稍炒装起，余油留锅。

2. 大火烧热余油，加入姜末，倒入洋葱丝，再放入肉丝，均匀加入盐、味精调味即可。

海带煲乳鸽

原料：绿豆200克，海带200克，乳鸽400克，猪脊骨300克，姜、陈皮、盐、鸡精各适量。

制作方法

1. 将猪脊骨斩件，余水；乳鸽剖好，洗净，斩件，余水；绿豆、海带洗净、浸泡。

2. 沙锅内放入绿豆、海带、乳鸽、猪脊骨、姜、陈皮，加入适量清水，煲2小时，调入盐、鸡精即可。

火腿豆腐

原料：豆腐块450克，火腿肠片100克，葱花5克，蒜末3克，盐2克，鸡精3克，食用油适量。

制作方法

1. 豆腐块放入盐水中浸泡一下，取出沥干；烧锅热油，把豆腐用小火煎黄。

2. 锅内下食用油烧热，下蒜爆香，倒入火腿肠片炒香，倒入豆腐，加水、盐稍焖一下，下鸡精调味，撒葱花即可。

小贴士：豆腐用盐水浸泡过后，煎的时候就不容易烂。

蚝油牛肉 + 炸鹌鹑蛋 + 白萝卜三鲜汤

营养分析: 鹌鹑蛋含有丰富的蛋白质、卵磷脂、赖氨酸、胱氨酸等营养物质,有补气益血、强筋壮骨的功效。

蚝油牛肉

原料: 牛肉 500 克,洋葱 75 克,蚝油、葱、糖、汤、盐、淀粉、酱油、料酒、水淀粉、小苏打、食用油各适量。

制作方法

1. 牛肉洗净切薄片,加小苏打、料酒、盐、淀粉和适量食用油拌匀,腌 15 分钟;洋葱剥去老皮切块;葱洗净切成小粒。

2. 锅置火上放食用油烧至五成热时,放入牛肉片滑开,再倒入洋葱块炒一下,捞出控油。

3. 另起锅热油,放入葱粒和蚝油煸炒片刻,加上酱油、料酒、糖、汤烧沸,倒入牛肉片和洋葱块炒匀,用水淀粉勾芡,出锅装盘即成。

炸鹌鹑蛋

原料: 鹌鹑蛋 8 个,辣椒酱、食用油各适量。

制作方法

1. 鹌鹑蛋下入沸水锅中煮熟,然后浸水冷却,剥壳。

2. 起锅倒入食用油,下鹌鹑蛋炸至皮金黄色,沥净油,装碟。

3. 食用时蘸上辣椒酱即可。

白萝卜三鲜汤

原料: 白萝卜 100 克,虾仁 50 克,茶树菇 30 克,红枣、姜、胡椒粉、料酒、香菜、盐各适量。

制作方法

1. 白萝卜洗净切片;茶树菇洗净切段;红枣洗净去核;姜洗净切片。

2. 锅内加水适量,烧开,下入茶树菇、红枣和姜,稍煮再下入白萝卜。

3. 萝卜熟透后,下入虾仁,再大火煮开,加入料酒、胡椒粉、盐,调好口味,加入香菜,即可出锅。

小贴士: 炸鹌鹑蛋时要用冷油小火,因为油温高的话,蛋的外部会先变硬,而蛋的内部遇高温膨胀后就会爆开。

周四

清蒸鱼头鱼尾 + 紫菜拌白菜 + 开胃茄子

营养分析：草鱼有平肝祛风、消食化滞的功效。茄子含丰富的维生素P，这种物质能增强人体细胞间的黏着力，增强毛细血管的弹性，减低毛细血管的脆性及渗透性，防止微血管破裂出血，使心血管保持正常的功能。

清蒸鱼头鱼尾

原料：草鱼头、草鱼尾共800克，葱丝、姜丝、蒜丝、盐、红辣椒丝、味精、食用油、香油、酱油、胡椒粉、料酒各适量。

制作方法

1. 将四丝同放入碗里，再加所有调味料调成味汁。

2. 鱼头、鱼尾洗净，鱼头一剖为二；用料酒、盐、姜拌腌鱼头、鱼尾1小时；将鱼头、鱼尾放入四丝味汁碗中，上笼用大火蒸熟，撒香菜即可。

紫菜拌白菜

原料：白菜丝500克，紫菜块15克，蒜末25克，食用油、盐、醋、味精、香油各适量。

制作方法

1. 炒锅热油，放入蒜末煸炒出香味，倒在碗里，加上盐、醋、味精、香油拌匀成调味汁。

2. 将分别氽过水且挤干了水分的白菜丝和紫菜放在大碗里，加入味汁调拌均匀即可。

开胃茄子

原料：茄子500克，辣椒酱、盐、生抽、食用油各适量。

制作方法

1. 将茄子洗净、去皮，切成条状，加盐拌匀，装盘。

2. 烧锅内加适量清水，待水煮沸后，将茄子上锅蒸约5分钟。

3. 把辣椒酱、盐、生抽、食用油调匀，淋到蒸好的茄子上即可。

小贴士：切茄子时，应将茄子块立即放入水中浸泡，待做菜时再捞起滤干，这样可避免被氧化。

甜辣藕片＋蒜蓉西蓝花＋山药胡萝卜瘦肉汤

营养分析：莲藕有一定的健脾止泻的作用，能增进食欲、促进消化、开胃健中。

甜辣藕片

原料：嫩莲藕 200 克，红辣椒 20 克，黑木耳 50 克，面粉、味精、盐、糖、酱油、醋、水淀粉、食用油、发酵粉、高汤各适量。

制作方法

1. 嫩莲藕洗净去皮，切成菱形条状，加盐拌匀，待藕出水后沥去水分；红辣椒洗净，切丁；黑木耳撕成块状；面粉加入盐、味精、发酵粉，用水调成面糊。

2. 炒锅热油，将藕片粘上面糊，逐块下入油中炸至金黄时捞出，沥干油。

3. 炒锅留底油，下入红辣椒丁煸炒，放黑木耳、酱油、糖、高汤，煮沸后加醋，用水淀粉勾芡，淋入熟油，再将炸好的藕块下入锅内，翻炒均匀，即可起锅装盘。

蒜蓉西蓝花

原料：西蓝花 400 克，大蒜 15 克，淀粉、盐、鸡精各适量。

制作方法

1. 将西蓝花洗净切块，放到沸水里烫熟，捞出晾凉装盘待用。

2. 大蒜洗净，剁成蒜蓉，用水、淀粉、盐、鸡精调成水淀粉备用。

3. 将已调好的水淀粉放入锅中，用小火煮，边煮边轻轻搅拌到透明状，撒下蒜蓉立即停火出锅，淋在西蓝花上即可。

山药胡萝卜瘦肉汤

原料：山药 500 克，黑木耳 60 克，胡萝卜 1 个，玉米粒 30 克，瘦肉 120 克，红枣 6 枚，盐适量。

制作方法

1. 山药去皮，切片；黑木耳浸透，切片；胡萝卜去皮，切块；瘦肉洗净，切片，沥干水分；玉米粒、红枣洗净。

2. 将以上材料放入沙锅内，加水煮沸后，再用小火煲 3 小时，加盐调味即可。

小贴士：注意西蓝花不要在沸水里烫太长时间，否则会影响口感。

周五

粉条炖鸡块 + 蒜蓉豌豆苗 + 煎荷包蛋

营养分析： 白菜为含维生素和矿物质最丰富的蔬菜之一，有助于增强机体免疫能力。豌豆苗含钙、B族维生素、维生素C和胡萝卜素，有利尿、止泻、消肿、止痛和助消化等功效，且有养护肌肤的作用。

粉条炖鸡块

原料： 嫩鸡块400克，粉条100克（泡软），白菜片、葱段、盐、酱油、食用油各适量。

制作方法

1. 锅内下食用油烧热，下葱段爆香，下鸡块炒至断生，放入沙锅内。

2. 加入粉条、酱油，加入热水，倒入炖锅，炖熟后加入白菜片，转小火炖至水收干，加盐调味即可。

蒜蓉豌豆苗

原料： 豌豆苗500克，蒜蓉、食用油、盐、味精、清汤、香油各适量。

制作方法

1. 炒锅放食用油和清水煮沸，入豌豆苗氽水，取出，控水。

2. 原锅放适量食用油烧热，加蒜蓉炒至微黄，装盘，再下入豌豆苗快速翻炒，加清汤、盐和味精调味，淋上香油，一起装入蒜蓉盘中即可。

煎荷包蛋

原料： 鸡蛋2个，食用油适量。

制作方法

1. 锅内下食用油烧热，转动一下锅，使锅身沾油均匀，轻轻磕入鸡蛋。

2. 周围洒少许热水，小火煎熟鸡蛋，翻面过来继续煎几秒，铲出装盘即可。

小贴士： 豌豆苗颜色嫩绿，具有豌豆的清香味，最适宜用于汤肴。烹饪时少放油、盐。

炸熘鳜鱼 + 玉竹烧豆腐 + 花生黑木耳猪肺汤

营养分析： 竹笋富含植物纤维，食之可降低体内多余脂肪，且有益于消痰化淤。

炸熘鳜鱼

原料： 鳜鱼 600 克，猪瘦肉、竹笋、鲜香菇各 25 克，水淀粉、葱白、料酒、酱油、糖、醋、食用油各适量。

制作方法

1. 鳜鱼宰杀洗净两面切花刀；猪瘦肉、竹笋、鲜香菇、葱白均洗净切成丁。

2. 炒锅热油，用水淀粉均匀地涂在鱼身及刀口内，然后提着鱼尾，浸入油锅内左右拖炸，至淀粉结壳后再全部投入油锅，炸 10 分钟，并用筷子在厚肉处扎几个孔。

3. 另起锅下食用油，将葱白丁、笋丁、肉丁、香菇丁下锅略煸，再放入料酒、醋、酱油、糖、味精和清水煮沸，淋到鱼上。

玉竹烧豆腐

原料： 油豆腐 400 克，玉竹 50 克，瘦肉 40 克，竹笋、芹菜各 20 克，香菇 10 克，料酒、盐、胡椒粉、鸡汤、酱油、葱各适量。

制作方法

1. 竹笋入沸水锅煮熟，捞出沥干；香菇浸水泡发，和竹笋、芹菜一起剁碎；玉竹入锅内熬成汁；瘦肉剁碎；葱洗净切丝。

2. 油豆腐里面挖空，将竹笋、芹菜、香菇、瘦肉、料酒、盐、胡椒粉拌匀成馅心，放入油豆腐内。

3. 移锅至火上，加入鸡汤、玉竹汁、油豆腐煮沸，加酱油、盐，用小火慢烧，直至汤汁浓后起锅，撒上葱丝即可。

花生黑木耳猪肺汤

原料： 猪肺 200 克，水发黑木耳 50 克，花生米 100 克，姜片、料酒、盐各适量。

制作方法

1. 黑木耳洗净，切开；花生米、姜片洗净；猪肺洗净，切件，余水。

2. 将猪肺、花生米、姜片倒入沙锅内，加入适量清水，大火煮沸，撇去浮沫，加入料酒，再改用小火慢煲 1 小时，倒入黑木耳，继续慢煲 1 小时，加盐调味即可。

小贴士： 食用竹笋前一般先用沸水烫过，以去除笋中草酸。

周六

茶树菇鸡汤 + 豆腐干炒西蓝花 + 蒸肉饼

营养分析： 西蓝花含有多种吲哚衍生物，有降低人体内雌激素水平的作用，可预防乳腺癌的发生。豆腐干营养丰富，含有大量蛋白质、脂肪、碳水化合物、矿物质，其中含有的卵磷脂可除掉附着在血管壁上的胆固醇，有防止血管硬化、预防心血管疾病、保护心脏的作用。

茶树菇鸡汤

原料： 茶树菇 100 克，鸡块 400 克，猪脊骨块 500 克，猪瘦肉片 200 克，鱼肚 20 克（泡发），老姜、盐、鸡精各适量。

制作方法

1. 将鸡块、猪脊骨、猪瘦肉，余水，倒出洗净；茶树菇洗净。

2. 取沙锅一个，放入茶树菇、鸡块、猪脊骨块、猪瘦肉片、鱼肚、老姜，加入清水煲 2 小时后，调入盐、鸡精即可。

豆腐干炒西蓝花

原料： 西蓝花 400 克，黑木耳片 20 克，黄花菜（干）10 克，豆腐干片 20 克，香菇片 30 克，盐、糖、味精、食用油各适量。

制作方法

1. 西蓝花洗净，切成小朵，余水；黄花菜泡发。

2. 锅内下食用油烧热，下入西蓝花煸炒片刻，加盐，倒入豆腐干片、香菇片、黑木耳、黄花菜，继续炒至熟透。

3. 加糖、味精调味，出锅装盘即可。

蒸肉饼

原料： 猪腿肉 500 克，豆腐干、盐、生抽、糖、味精、料酒各适量。

制作方法

1. 将猪腿肉洗净后剁成肉泥，用盐、生抽、糖、味精、料酒拌匀；豆腐干切成均匀的小块。

2. 取蒸盘，底铺切块的豆腐干，再将肉馅放入，稍调摊平。

3. 起锅烧水，大火煮开，放入蒸盘，转小火蒸熟即可。

小贴士： 西蓝花在常温下容易开花，可以将其放入保鲜袋中，放进冰箱冷藏。

葱油蒸鸭 + 玉米蘑菇小炒 + 鲫鱼豆腐汤

营养分析：蟹味菇是一种低热量、低脂肪的保健食品，口感极佳。

葱油蒸鸭

原料：鸭 600 克，葱结、葱白、醋、米粉、花椒、盐、味精各适量。

制作方法

1. 鸭剖洗干净、斩件，用米粉均匀地抹在鸭身上，然后放入七成热的油锅中炸至外皮起小泡时捞出。

2. 原锅加水、醋、花椒、味精、盐和鸭块煮沸撇去浮沫，盖上盖，用小火焖烧约 5 分钟，取出放碟内，放入葱结，再上笼蒸至鸭酥烂时取出，拣去葱结不用。

3. 炒锅下油烧至五成热时下葱白，炸至葱呈金黄色时，将油浇在鸭块上即可。

玉米蘑菇小炒

原料：红肠1根，青椒1个，蟹味菇、玉米、蒜、葱花、酱油、盐各适量。

制作方法

1. 蟹味菇洗净、切丁；青椒洗净和红肠均切成方丁；玉米粒提前汆水，沥干备用。

2. 热锅热油，加葱花、蒜，炒香，入红肠爆出香气，加入蟹味菇，炒匀，加酱油、青椒、玉米，翻炒均匀，加盐出锅。

鲫鱼豆腐汤

原料：鲫鱼 1 条，豆腐 100 克，猪肉馅 50 克，食用油、葱、姜末、蒜、盐、高汤、味精、料酒各适量。

制作方法

1. 豆腐切块，用开水烫一下；鱼收拾干净，两面都剞上花刀。

2. 将猪肉馅和葱、姜末、盐、料酒拌匀，酿入鱼肚内。

3. 炒锅上火烧热，加底油，用葱、姜、蒜炝锅，加入高汤，汤开后放入鱼和豆腐，加适量的盐，用急火炖，鱼熟后放入味精调味即可。

小贴士：感冒发热期间不宜多吃鲫鱼。

周日

海带炖鲫鱼 + 客家炒鸡 + 松子玉米粒

营养分析： 黄豆芽具有清热明目、补气养血、防止牙龈出血、预防心血管硬化及降低胆固醇等功效。多吃些黄豆芽可以有效地防治维生素 B_2 缺乏症。松子中富含不饱和脂肪酸，如亚油酸、亚麻油酸等，能降低血脂，预防心血管疾病，对老年人保健有极大的益处。

海带炖鲫鱼

原料： 鲫鱼 600 克，黄豆芽 300 克，海带段、姜片、葱段、盐、味精、猪油、各适量。

制作方法

1. 锅烧热，下猪油，放入姜片、鲫鱼（提前治净）煎至两面金黄色。

2. 将鲫鱼、黄豆芽、海带、姜片、葱段放入炖盅内，加入清水炖2小时，调入盐、味精即可。

客家炒鸡

原料： 鸡腿肉 500 克，姜片、辣椒片、葱、豆瓣酱、糖、食用油各适量。

制作方法

1. 鸡腿肉切块备用。

2. 锅内下食用油烧热，下葱、姜爆香，接着放入鸡腿肉爆炒。

3. 将豆瓣酱、糖拌匀，倒入锅中拌炒至鸡腿肉入味，最后放入辣椒片略炒，起锅即可。

松子玉米粒

原料： 玉米粒 200 克，猪瘦肉丁、胡萝卜丁各 50 克，松子仁、豌豆各 30 克，蒜蓉、生抽、盐、味精、食用油各适量。

制作方法

1. 锅内下食用油烧热，将蒜蓉爆香，接着入猪瘦肉丁煸炒至六成熟。

2. 加玉米粒、胡萝卜丁、豌豆粒翻炒，调入生抽、盐、味精拌匀，出锅装盘，撒松子仁即可。

小贴士： 煎鲫鱼时，一定要煎至两面金黄色，这样炖煮出来的汤色才够白。

香芋牛肉煲 + 素炒紫包菜 + 油辣香菇

营养分析：紫包菜富含维生素C、维生素E、B族维生素和花青素，花青素能清除体内的自由基，增强血管弹性。

香芋牛肉煲

原料：牛后腿肉、芋头各150克，香菇、牛奶、葱段、料酒、姜片、蒜片、食用油、胡椒粉、淀粉、盐、糖各适量。

制作方法

1. 牛肉切片，加胡椒粉、淀粉、料酒拌匀，腌2小时；香菇泡软去蒂；芋头切片。

2. 将芋头炸至变色，捞起；再将牛肉炸至浮起，捞出。

3. 锅留油烧热，爆香姜、蒜；加高汤、盐、糖、料酒、水、芋头，煮至芋头稍烂，下牛肉、香菇、葱稍煮，用水淀粉勾芡，淋牛奶煮沸；全锅倒入沙锅，中火煮数分钟即可食用。

素炒紫包菜

原料：鲜紫包菜500克，白醋、蒜末、食用油、盐、味精各适量。

制作方法

1. 鲜紫包菜洗净，沥干水分，切成片，加点白醋，稍腌。

2. 炒锅热油，下入紫包菜片，翻炒至熟，出锅装碗。

3. 将炒锅洗净，注入适量食用油烧热，下入熟紫包菜片，炒匀，加蒜末、盐、味精调味，出锅装盘即可。

油辣香菇

原料：香菇300克，干辣椒50克，花椒粉、辣椒粉、花椒、盐、食用油各适量。

制作方法

1. 将香菇泡发捞出切条，干辣椒剪成段。

2. 炒锅上小火，将盐、辣椒粉、花椒粉倒入炒锅迅速翻炒，炒香倒出备用。

3. 炒锅热油，放入香菇条，翻炒至香菇条变黄，放入干辣椒段，再炒10分钟即可捞起入盘，然后将炒好的椒盐粉（花椒加盐）撒上，拌匀即可。

小贴士：芋头一定要煮熟，否则其黏液会刺激咽喉。

图书在版编目（CIP）数据

健康晚餐 / 华姨编著. -- 杭州：浙江科学技术出版社，2015.1
（一日三餐我做主）
ISBN 978-7-5341-6313-5

Ⅰ．①健… Ⅱ．①华… Ⅲ．①食谱 Ⅳ.
①TS972.12

中国版本图书馆CIP数据核字(2014)第258754号

丛 书 名　一日三餐我做主
书　　名　健康晚餐
编　　著　华姨

出版发行　**浙江科学技术出版社**
　　　　　杭州市体育场路347号　　　邮政编码：310006
　　　　　销售部电话：0571-85058048
　　　　　E-mail：zkpress@zkpress.com
排　　版　广东犀文图书有限公司
印　　刷　广州汉鼎印务有限公司
经　　销　全国各地新华书店

开　　本　710mm×1000mm　1/16　　印　张　10
字　　数　175 000
版　　次　2015年1月第1版　　　　　2015年1月第1次印刷
书　　号　ISBN 978-7-5341-6313-5　　定　价　29.80元

责任编辑　刘 丹　梁 峥　　　　**责任印务**　徐忠雷
责任校对　王群　王巧玲　李骁睿　　**特约编辑**　舒荣华